洋食材搭配紅豆的極致組合

戀戀紅豆餡甜點

森崎 繭香／著

三悅文化

序

吃起來讓人身心舒暢、
溫馨的紅豆餡。

由於工作關係，人們常以為我喜歡西式點心，
但若問我最喜歡的食物是什麼，
我會毫不遲疑地回答：「是紅豆餡。」
我非常喜歡吃紅豆餡。

「製作上很費事，總覺得似乎很難做的樣子」
或許會予人這種印象，
但在家中吃的紅豆餡點心，
全都可以很輕鬆就製作完成。
只需先將紅豆煮熟備用，
再添加些材料，
就可立即完成一道美味可口的點心。

本書除了介紹基本的日式點心外，
並進一步就紅豆餡可廣泛搭配運用的
日式及西式素材，
介紹一系列輕食食譜，
如蛋糕、司康等烘焙點心，
以及非常簡單的甜點杯等。

一入口就讓人笑逐顏開的紅豆餡點心，
若能陪您度過溫馨的時光，將深感榮幸。

森崎繭香

戀戀紅豆餡甜點
目錄

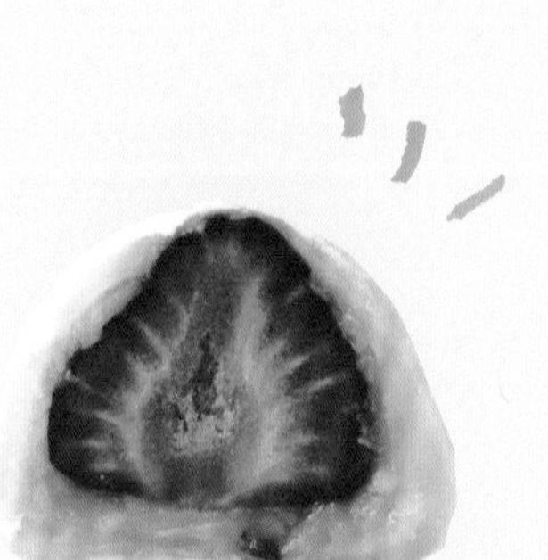

烘焙點心

甜點杯

紅豆餡滿溢的食譜

本書的使用方式

- 1 小匙＝5ml，1 大匙＝15ml，1 杯＝200ml。1ml ＝ 1cc。
- 蛋使用 1 顆約 50g（不包括蛋殼）的大小。
- 火的大小若無特別標示，請以中火調理。
- 所指的常溫，請以 20°C 左右為大致標準。
- 微波爐請使用 600W。若用 500W 時，加熱時間請設定為 1.2 倍。
- 烤箱請預先加熱至設定的溫度。
- 烤箱的溫度與烘焙時間為大致標準。請依家中的機種，觀察烘烤情形並作適當調整。其他調理器方面，請詳閱各廠商的使用說明書，確認後正確使用。
- 冷卻凝固的時間，依冰箱的設定溫度及冰箱內環境會有所不同。

本書使用之器具

本書食譜並未使用特別的器具。
只要備有一般隨手可得的器具，就能製作書中大多數的食譜了。

打蛋器

用於攪拌麵團或製作奶油。

碗

攪拌材料時使用。用大碗較為方便。

鍋子

除了可用來製作基本的紅豆餡外，加熱、燉煮時也可使用。手持式鍋子也 OK。

擀麵棍

能將麵團均勻地擀開，有的話就很方便。長一點 OK。

蒸鍋

用於製作蒸點心。沒有蒸鍋時，也可用鍋子做為專用器具。

過篩器

用來過篩麵粉類，麵粉細膩就不易形成小麵團塊。

烤盤紙

用烤箱烘焙時，為避免麵團或材料黏在烤盤上，將烤盤紙鋪在烤盤上面。

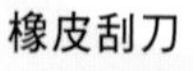

橡皮刮刀

攪拌奶油時使用。可由碗底翻攪。

奶油刀

用於塗抹奶油。均勻塗抹，可使成品美觀漂亮。

刮板（scraper）

攪拌麵團，或分成數個小塊時使用。

平底鍋

烘焙麵團時使用。用烤盤取代也 OK。

烤模種類

於製作日式糕點或烘焙點心時使用。無手持式的烤模時，請用其他烤模代替。

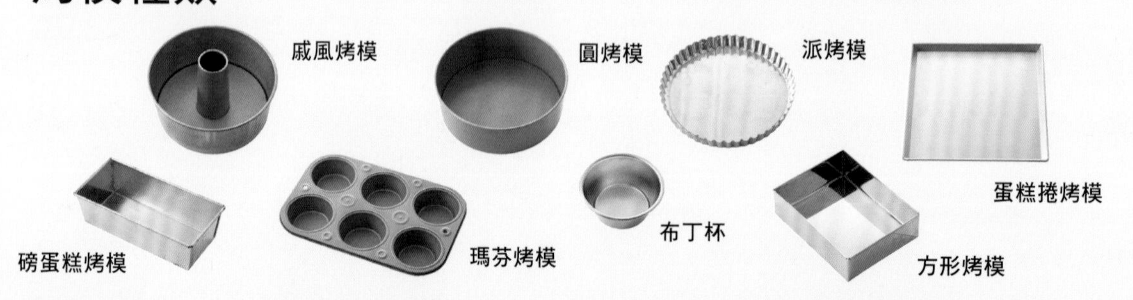

豆餡的基本1

豆餡種類

出現在本書中的豆餡有兩種：用紅豆做成的紅豆餡；用白腰豆做成的白腰豆餡。此外，也有用煮熟的甜豌豆做成的甜豌豆餡，以及用毛豆做成的毛豆餡等各種豆餡。紅豆在日本有名的主要產地為北海道及兵庫縣，因自古以來就使用於日式糕點及中式點心等方面，是一種隨手可得的食材而深受人們的喜愛。

白腰豆

大小比紅豆還大上一圈。將浸泡一個晚上的白腰豆慢慢地燉煮而成的白腰豆餡，味道比紅豆餡還淡，但十分爽口好吃。

紅豆

小粒，呈深紫色為其特徵。由紅豆飯及紅豆粥等傳統節慶料理，可知紅豆自古以來就和日本人結下了不解之緣。也可裝在日式小沙包中。

善加利用市售的豆餡

「很想現在馬上就吃到豆餡！」為因應這種需求，市面上紛紛推出豆餡。

不善製作糕點，但又很想吃到手工製作的豆餡點心，可購買一些市售的豆餡保存備用，就會非常方便。從紅豆餡至白腰豆餡等，各種豆餡都可讓人一飽口福。

由左起：極品紅豆泥、極品白腰豆泥、極品小倉餡（皆為富澤商店）

紅豆從種植至收成

在北海道十勝地方的遼闊土地上種植的紅豆。清淨的空氣、健康的大地及優質的有機肥料，培育出鬆軟的果實，秋至冬季期間由於日照時間短，單寧酸含量被抑制，因而可培育出較不生澀的紅豆。

在含有充分完熟肥料的土壤中播種。

新芽茁壯地長出，從田園各處紛紛冒出芽來。

葉與莖長成粗大後，開出黃色花朵。

果實飽滿、豆莢變褐色後就是收穫時期。

用機器收割時，將豆子與枝葉分開。

最後用人眼檢查，將細小的雜質去除。

照片提供：森田農場

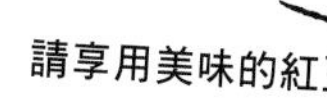

請享用美味的紅豆

紅豆餡的製作方法

不需泡水所以能立即製作
是紅豆餡的優點。
若有大鍋，
可大量製作保存備用。

材料（容易製作的分量）

紅豆……200g

黃砂糖……150g

鹽……一撮

製作方法

1

將紅豆輕輕洗過後放入鍋中，加入 3 杯水左右，立即開大火。水沸騰後，待紅豆浮起來，再加入冷水 500ml 左右。再次沸騰後，以中火煮約 10 分鐘。

2

關火，蓋上鍋蓋燜 40 分鐘左右。燜至紅豆皮無皺紋且膨脹時，用濾網撈起，將煮過的水倒掉。迅速水洗後放回鍋中，再次放入 3 杯水左右，以大火煮。

3

水沸騰後，轉成豆子可稍微跳動程度的小火，蓋上鍋蓋，燜煮約 30～60 分鐘。將產生出來的浮沫撈掉，為避免豆子冒出水面，需不時加水熬煮。

4

煮至豆芯完全熟透，用橡皮刮刀輕壓，感覺豆子變軟至很容易就可壓碎的程度後，關火。

5

將湯汁稍倒掉一些，保持在剛好淹過豆子的高度。將黃砂糖分 2～3 次加入，以中火熬煮。

6

煮至湯汁變少時，將火稍微關小一點並加入鹽巴，為避免燒焦，需邊注意邊攪拌。用橡皮刮刀翻攪會滑順地掉下去時，關火。因一冷卻紅豆就會變硬，需趁熱鬆軟時完成。

7

移入淺底的方盤放涼。

重點

- 依紅豆的種類（時期、品種等），熬煮的時間會有很大的差異。**3** 的步驟中，不需拘泥時間，請熬煮至變軟為止。
- **3** 的步驟中，蓋著鍋蓋燜煮會看不到裡面狀況，為避免溫度過高時水會沸騰滾動，或豆子會冒出水面，需時時加以確認。若擔心的話，不蓋著鍋蓋燜煮也 OK，雖會多花些時間就是了。

白腰豆餡的製作方法

用細砂糖（caster sugar）熬煮成爽口的甜味。
製作完成的白腰豆餡味道比紅豆餡還清淡，
因而與水果及抹茶等的風味形成絕配。

材料（容易製作的分量）
白腰豆……200g
細砂糖……130g

〔預先準備〕將白腰豆輕輕水洗後放入鍋中，放入 3 杯水左右，浸泡一個晚上備用。

製作方法

1

連同浸泡白腰豆的水，一起以大火煮至沸騰，豆子浮起來時加入 500ml 的冷水，再度沸騰後以中火熬煮約 10 分鐘。

2

關火，蓋上鍋蓋燜 40 分鐘左右。燜至白腰豆皮無皺紋且膨脹時，用濾網撈起後將湯汁倒掉。迅速水洗後放回鍋中，再次放入 3 杯水左右，以大火熬煮。

3

沸騰後，轉成豆子可稍微跳動程度的小火，蓋上鍋蓋，煮約 30 ～ 60 分鐘。將產生出來的浮沫撈掉，為避免豆子冒出水面，需不時加水熬煮。

4

煮至豆芯完全熟透，用橡皮刮刀輕壓，感覺豆子變軟至很容易就可壓碎的程度後，關火。

5

將湯汁稍倒掉一些，保持在剛好淹過豆子的高度。將細砂糖分 2 ～ 3 次加入，以中火熬煮。

6

煮至湯汁變少時，轉成小火，為避免燒焦，需邊注意邊攪拌。用橡皮刮刀翻攪會滑順地掉下去時，關火。因一冷卻豆子就會變硬，需趁熱鬆軟時完成。

7

移入淺底的方盤放涼。

重點

- 依白腰豆的種類（時期、品種等），熬煮的時間會有很大的差異。**3** 的步驟中，不需拘泥時間，請熬煮至變軟為止。
- **3** 的步驟中，蓋著鍋蓋燜煮會看不到裡面狀況，為避免溫度過高時水會沸騰滾動，或豆子會冒出水面，需時時加以確認。若擔心的話，不蓋著鍋蓋燜煮也 OK，雖會多花些時間就是了。

保存

裝入附有蓋子的保存容器內，放在冰箱冷藏可保存3日左右。或將每次食用的分量用保鮮膜分裝成小包，放進保鮮袋再放入冷凍室可保存2週左右。要食用時，放在冷藏室自然解凍即可。

大致分裝成50g、100g的小包裝，要食用時就很方便。

依重量分別裝入保鮮袋可一目了然。

軟硬度的調整

遇到要將豆餡包入麵團的食譜時，需預先將豆餡揉成圓形。此時，豆餡若柔軟會難以整成圓形，因此需將水分去除，調整軟硬度。可在鍋中重新攪拌，或放入耐熱器皿中，蓋上廚房紙巾用微波爐加熱，也可調整軟硬度。加熱時間依豆餡的軟硬度而異，每次加熱1分鐘，觀察豆餡的樣子，再進行調整。市售的豆餡若變柔軟，或冷凍的豆餡解凍後變柔軟時，都可使用這種方法調整軟硬度。

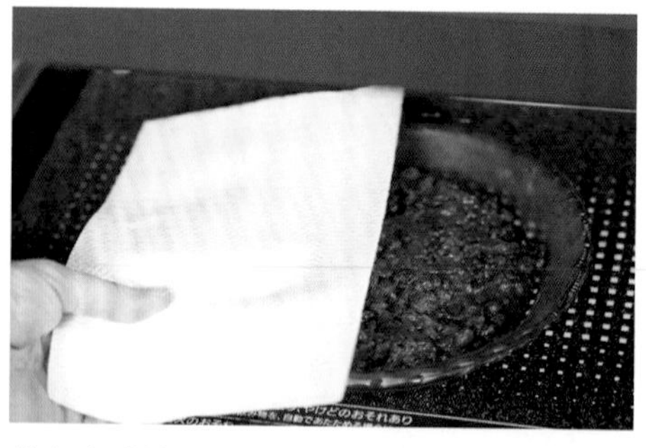

蓋上廚房紙巾可防止豆餡往周圍飛濺。

豆沙泥的簡易製作方法

豆沙泥的製作原本就出乎意料地麻煩。去皮後，將水加入已濾過的湯液中，使豆子沉澱，再將清水去掉，並反覆進行這項作業，晾乾、過濾的一種製作方法。與豆餡不同，至完成前需大費周章。若是家庭享用的豆沙泥，則可使用攪拌機攪拌豆餡，就能輕鬆製作成豆沙泥。

製作方法

1. 將做好的紅豆餡放入攪拌機攪拌。視需要添加水分。

2. 放入耐熱器皿中，蓋上廚房紙巾用微波爐加熱，做成喜好的軟硬度。

紅豆餡三明治

紅豆餡與奶油是絕配。不烤吐司，直接夾著豆餡也很好吃。

材料（2 片分量）

紅豆餡……100g
吐司……2 片
奶油……10g

製作方法

1. 烤吐司。
2. 在 **1** 的兩片吐司內側塗上奶油，將紅豆餡塗抹在其中一片吐司上，再用另一片夾住。輕輕按壓後切成三角形。夾著紅豆餡再稍微烘烤一下，會更加酥脆好吃。

紅豆餡冰淇淋

市售的商品也有相似的搭配，兩種食材的相配程度不言而喻。

材料（1人份）

紅豆餡……100g
香草冰淇淋（市售）……150ml

製作方法

將香草冰淇淋盛在容器中，再加上紅豆餡。

紅豆餡百匯

搭配吃起來會沙沙作響、甜度適中的糙米薄片。

材料（1人份）

紅豆餡……100g
抹茶冰淇淋（市售）……3球
糙米薄片……3大匙
黑糖蜜（市售）……依喜好，適量

製作方法

將糙米薄片放入容器中，交互加入抹茶冰淇淋、紅豆餡，再依喜好淋上黑糖蜜。

紅豆餡糯米餅

使用市售的餅皮輕鬆製作的一道食譜。豆餡可搭配喜歡的食材。

○紅豆

材料

紅豆餡……30g
最中＊餅皮（市售）……2 組

製作方法

將紅豆餡鋪在最中餅皮上，再用另一個餅皮夾著。

分量全部為
直徑 4㎝的餅皮×2個分量

＊最中：一種外皮由糯米製成的和菓子。

○果乾

材料

白腰豆餡……20g
果乾（此處為無花果、甜橙、小紅莓）……合計 10g
最中餅皮（市售）……2 組

製作方法

將白腰豆餡、果乾鋪在最中餅皮上，再用另一個餅皮夾著。其他果乾像是葡萄乾、杏乾、蘋果乾、芒果乾、鳳梨乾等，可依喜好添加。

○求肥＊

材料

紅豆餡……20g
求肥（市售）……4 片
最中餅皮（市售）……2 組

製作方法

將紅豆餡與求肥鋪在最中餅皮上，再用另一個餅皮夾住。

＊求肥：用於製作和菓子的材料之一，由澱粉類材料加入水飴、砂糖等製作而成。

紅豆餡球

使用稍微除去水分的紅豆餡。只需將紅豆餡做成圓形，就能做出漂亮的點心。

材料（6 個分量）

紅豆餡……90g
黃豆粉……適量
白腰豆餡……90g
抹茶……適量

製作方法

將紅豆餡分成 3 等分後整成圓形，撒上黃豆粉。同樣地，
將白腰豆餡也分成 3 等分後揉成圓形，撒上抹茶。

日式點心

乍聽到「豆餡點心」時，或許很多人首先聯想到的是大福或日式饅頭等基本款的點心。
其製作方法常被誤以為很困難，
但其實很簡單，很適合做為每天的點心。

銅鑼燒

不需特別的器具，只需用平底鍋煎烤的一道簡易食譜。
因餅皮含有蜂蜜，可煎烤成令人垂涎欲滴的黃褐色。
只要記住製作方法，必能成為每日小點心的超強即戰力。

紅豆餡銅鑼燒

小銅鑼燒的基本製作方法。

材料（直徑 8 cm ×6 個分量）

A | 低筋麵粉……80g
　| 泡打粉……1/2 小匙

蛋……1 顆
上白糖……50g
蜂蜜……10g
米酬……1 大匙
太白芝麻油……1 小匙
水……2 大匙
紅豆餡……120g

〔預先準備〕
・將紅豆餡分成 6 等分。

製作方法

1
將蛋在碗中打散拌勻，加入上白糖，用打蛋器仔細拌勻。加入蜂蜜、米酬、太白芝麻油後仔細攪拌，再加水拌勻。

2
將 **A** 攪拌後倒入，用打蛋器攪拌到無粉狀粒。接著以橡皮刮刀均勻攪拌（可用保鮮膜覆蓋著，將麵糊靜置 30 分鐘）。

延伸食譜

抹茶銅鑼燒

將抹茶粉摻入麵糊中，是一種味道稍苦的大人口味。素雅的抹茶色也令人食指大動。

用 ◯ 圈起來的部分係改變原材料及分量的延伸食譜。

材料（直徑 8 cm ×6 個分量）

A | 低筋麵粉……75g
　| 抹茶粉……5g
　| 泡打粉……1/2 小匙

蛋……1 顆
上白糖……50g
蜂蜜……10g
米酬……1 大匙
太白芝麻油……1 小匙
水……3 大匙
紅豆餡……120g

製作方法

按照「紅豆餡銅鑼燒」步驟 **1** ～ **5** 製作。

3

在平底鍋中倒入薄薄的一層油，以中火加熱，再敷上沾濕的乾淨布，可暫時將溫度冷卻下來（每次煎烤時可重複這動作）。以中火煎烤，將 **2** 每次各舀入一大匙，整成圓形。

4

麵糊表面形成氣泡時翻面，另一面煎烤約 20 秒後取出。其餘十一片也以同樣方式煎烤。放在烘焙紙（cooking sheet）上，包保鮮膜放涼。

5

兩片餅皮為一組，夾入紅豆餡。其餘五個也用同樣方式製作。

鮮奶油銅鑼燒

將紅豆餡加入鮮奶油中，滑順綿密的口感令人欲罷不能。
剛出爐的銅鑼燒美味可口，請盡早享用。

材料（直徑 8 ㎝ ×6 個分量）

A
- 低筋麵粉……80g
- 泡打粉……1/2 小匙

蛋……1 顆
上白糖……50g
蜂蜜……10g
米酬……1 大匙
太白芝麻油……1 小匙
水……2 大匙
紅豆餡……60g
鮮奶油……60g
上白糖……1 ～ 2 小匙

製作方法

將鮮奶油、上白糖放入碗中，碗底用冰水冰鎮，同時打發到七分時加入紅豆餡拌勻，再打發至八分，製作成奶油豆沙。按照「紅豆餡銅鑼燒」步驟 **1** ～ **4** 製作，用兩片餅皮為一組，夾入奶油紅豆餡 1/6 分量。以同樣方式製作其餘五個銅鑼燒。

萩餅

製作成小萩餅可讓人飽食一番。
有兩種造型，用糯米包裹紅豆餡，外側以芝麻或黃豆粉增添風味，
或用豆餡包裹糯米。請製作成自己喜歡的口味。

紅豆萩餅

用紅豆餡包裹糯米再捏成形。
使用保鮮膜不會弄髒手，也可包得很漂亮。

材料（10 個分量）
糯米……200ml（約 175g）
水……200ml
紅豆餡……350g

〔預先準備〕
・將紅豆餡分成 10 等分並揉成圓形。

製作方法

1

將糯米洗淨後瀝去水分，與等分量的水一起放入耐熱碗中，靜置 30 分鐘以上。

2

輕輕地覆蓋保鮮膜，以微波爐 600W 加熱 5 分鐘。先暫時取出，整個攪拌後再以保鮮膜輕輕覆蓋後加熱 5 分鐘。

3

稍加攪拌後用保鮮膜緊密地覆蓋著，放涼後像在搗年糕一般，用橡皮刮刀邊壓碎邊攪拌。

4

產生黏性後，整成一團，在手掌上輕輕抹些水，將麵團分成 10 等分後揉成圓形。

5

用保鮮膜夾著圓形的紅豆餡，放在手掌上鋪平，打開上面的保鮮膜，將 **4** 盛在上面。

6

在手掌上邊滾邊做成圓形。以同樣方式製作另外九個。

欲製作比此食譜的分量還多時，需改變加熱時間，因此糯米可用電鍋炊煮。在等分量的水中浸泡半日後，使用和炊煮白米時相同的水量，普通地炊煮即可。

延伸食譜

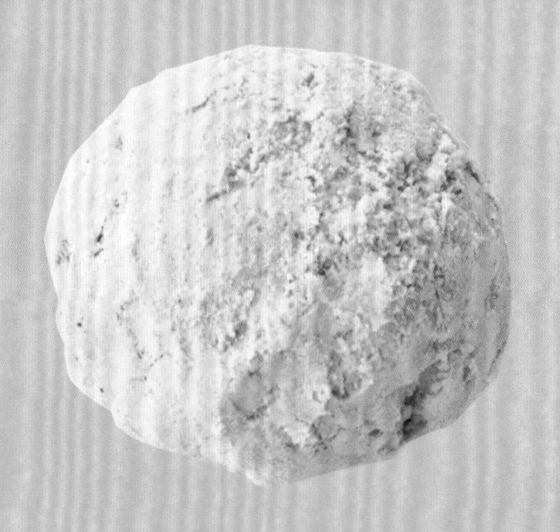

芝麻萩餅

製作方法與黃豆粉萩餅一樣。將製作完成的萩餅撒上加有砂糖的芝麻粉，芝麻的芬芳香味與風味讓口齒留香。

材料（10 個分量）

糯米……200ml（約 175g）
水……200ml
紅豆餡……150g
黑芝麻粉……50g
黃砂糖……1 大匙

製作方法

按照「紅豆萩餅」步驟 **1** ～ **4** 製作。將做成圓形的 **4** 放在手掌上輕輕鋪平。將紅豆餡盛在上面後包覆起來，用手掌邊滾邊揉成圓形。以同樣方式製作另外九個。將黑芝麻粉與黃砂糖放入淺底方盤中，混合拌勻後再將之整個塗滿。

黃豆粉萩餅

用糯米包覆豆餡，再塗滿黃豆粉，有種古早的親切風味。紅豆搭配黃豆的組合，口感富有嚼勁。

材料（10 個分量）

糯米……200ml（約 175g）
水……200ml
紅豆餡……150g
黃豆粉……50g
黃砂糖……1 大匙

製作方法

按照「紅豆萩餅」步驟 **1** ～ **4** 製作。將整成圓形的 **4** 放在手掌上輕輕鋪平。將紅豆餡盛在上面後包覆起來，用手掌邊滾邊揉成圓形。以同樣方式製作另外九個。將黃豆粉與黃砂糖放入淺底方盤中，混合拌勻後再將之整個塗滿。

紅豆餡發糕

在加有豆漿的麵糊中加入紅豆餡，做成健康的食品。鬆軟、清淡的輕食感，可大飽口福一番。很適合當點心，但要注意不要過量。

材料（5 個分量 / 直徑 7 cm的瑪芬烤模）

A | 低筋麵粉……100g
　| 泡打粉……1 小匙

蛋……1 顆
黃砂糖……60g
豆漿……4 大匙
太白芝麻油……1 大匙
紅豆餡……100g

製作方法

〔預先準備〕

・在烤模上預先鋪上蛋糕紙模。備妥蒸鍋※。

※ 備妥蒸鍋 裝水，用乾淨布包覆蓋子。

1. 將蛋在碗中打散拌勻，加入黃砂糖，用打蛋器攪拌至呈稠糊狀。加入豆漿後拌勻。
2. 將 **A** 過篩後加入，用打蛋器攪拌至無粉狀物，再加入太白芝麻油後拌勻。
3. 將 **2** 與紅豆餡交互放入已鋪上蛋糕紙模的烤模中，用長筷子輕輕攪拌至呈大理石花紋狀。以同樣方式製作另外四個。
4. 放入已冒出蒸氣的蒸鍋中，以較強的中火蒸 12 ～ 15 分鐘。

紅豆＋抹茶的浮島甜點

雖是日式糕點，但卻像蛋糕。將蛋白霜與麵糊摻入豆餡，做成雙層糕點。讓人以為是蜂蜜蛋糕，極為細膩且濕潤的口感是其特徵。

材料（18×8×6 ㎝的磅蛋糕烤模 1 個分量）

白腰豆餡……150g
蛋黃……2 個
上白糖……20g

蛋白霜

- 蛋白……2 個
- 上白糖……20g

○紅豆麵糊

紅豆餡……80g
上新粉（粳米粉）……20g

○抹茶麵糊

白腰豆餡……80g
水……1 小匙

A
- 上新粉（粳米粉）……20g
- 抹茶……1 小匙

〔預先準備〕
・在烤模上預先鋪上烘焙紙。備妥蒸鍋※。
※ 參閱 P25

製作方法

1

將白腰豆餡、蛋黃、上白糖 20g 放入碗中，用打蛋器徹底攪拌。

2

將 **1** 的分量分成兩半各別放入碗內。將紅豆餡、上新粉依序加入其中的一個碗中，用橡皮刮刀攪拌（紅豆麵糊）。白腰豆與水放入另一碗中拌勻，將 **A** 過篩後加入，用橡皮刮刀拌勻（抹茶麵糊）。

3

將蛋白放入別的碗中打發，將上白糖 20g 分 2～3 次加入，用力打發成蛋白霜。

4

將 **3** 的一半分量加入 **2** 的紅豆麵糊，另一半加入抹茶麵糊中，為避免消泡，用橡皮刮刀不斷攪拌。

5

將抹茶麵糊倒入烤模中，再將紅豆麵糊倒在上面。放入已冒出蒸氣的蒸鍋中，以中火蒸 20～25 分鐘。

6

用竹籤戳看看，若未沾附黏糊糊的麵糊，表示已經蒸熟。從烤模中取出，連同烘焙紙一起放在網架上放涼。

延伸食譜

一種顏色也 OK

紅豆浮島甜點

只用抹茶或紅豆其中一種的顏色也可製成

製作方法

按照「紅豆＋抹茶的浮島甜點」步驟 **1** 製作。**2** 僅製作紅豆麵糊（分量：紅豆餡 160g，上新粉 40g），再製作 **3**～**6**。

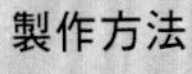

黑糖饅頭

黑糖甜度非常突出的饅頭。
只能在溫泉街吃到的這種熱騰騰饅頭，是最奢華的享受。
請務必享用剛出爐的饅頭。

〔預先準備〕
- 在淺底方盤上遍撒低筋麵粉（手粉）。
- 將紅豆餡分成 8 等分後揉成圓形。備妥蒸鍋 ※。

※ 備妥蒸鍋
裝水，在底板重疊鋪上厚的廚房紙巾與烤盤紙，用乾淨布包覆蓋子。

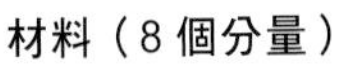

材料（8 個分量）
紅豆餡……200g
黑糖（粉）……40g
開水…4 小匙
小蘇打粉……1g
低筋麵粉……60g
低筋麵粉（手粉）……約 2 大匙

製作方法

1

將黑糖放入碗內，加入熱開水，用橡皮刮刀攪拌至完全溶化為止。若還有殘留未被溶化的黑糖，覆蓋上一層鬆鬆的保鮮膜以微波爐加熱亦可。在碗底用冰水冰鎮冷卻。

2

以少量的冷水（分量外，約 1/4 小匙）溶解小蘇打粉後加入 **1** 中拌勻。小蘇打粉遇熱會反應產生氣體，因此 **1** 必須先完全冷卻。

3

將低筋麵粉過篩後加入，用橡皮刮刀徹底攪拌。接著放入撒有低筋麵粉的淺底方盤中，放在冰箱冷藏 30 分鐘。

4

將 **3** 分成 8 等分後揉成圓形。

5

手掌抹上低筋麵粉，並將麵團攤平，將圓狀紅豆餡放在上面包覆起來。

6

放入已經產生霧氣、冒出蒸氣的蒸鍋中，以大火蒸 12 分鐘。

豆餡的包餡方式

用於包饅頭、大福、草餅（類似臺灣的草仔粿）等時。此包餡方法也可應用於萩餅與櫻餅。

開始

將麵團在手掌上鋪平，盛上紅豆餡。

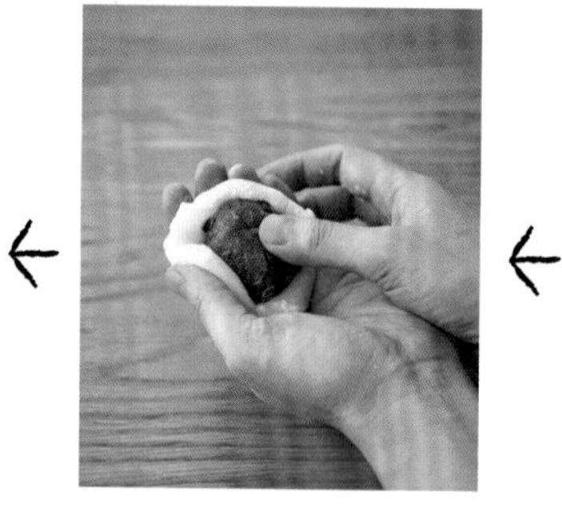

手心呈圓形，整個手掌好像要將麵團與豆沙包覆住一般。

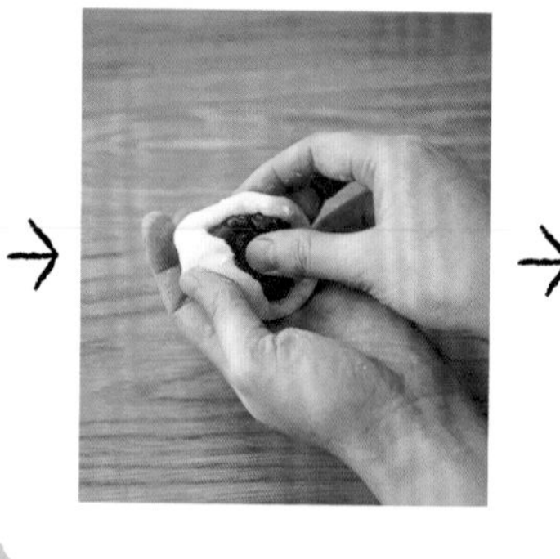

將豆沙往另一邊鋪平，麵團往近前方鋪平。

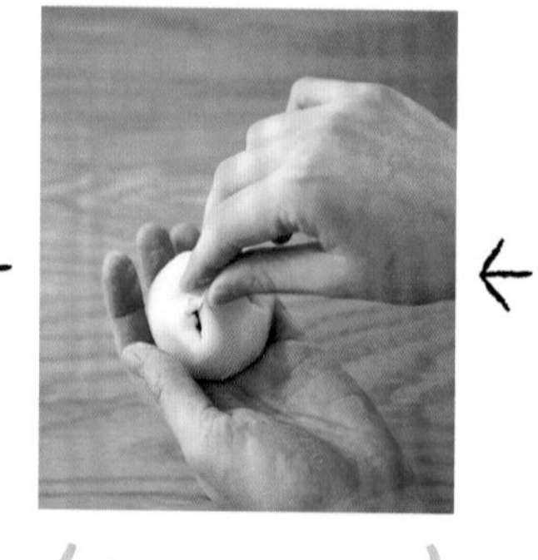

包入餡後，將口捏緊。

完成

大福

除了使用的材料不多外，
也不需像製作蛋糕那般花時間，
製作大福餅並不困難。
熟練後，可做成手工伴手禮致贈親朋好友，
讓親友驚喜一下。
請務必品嘗一下剛出爐糕點的
入口即化的柔順口感。

紅豆大福

大福的基本製作方法。以這方法當基礎，使用喜愛的材料可自製延伸食譜。

〔預先準備〕

・將片栗粉遍撒在淺底方盤上。
・將紅豆餡分成 6 等分，並揉成圓形。

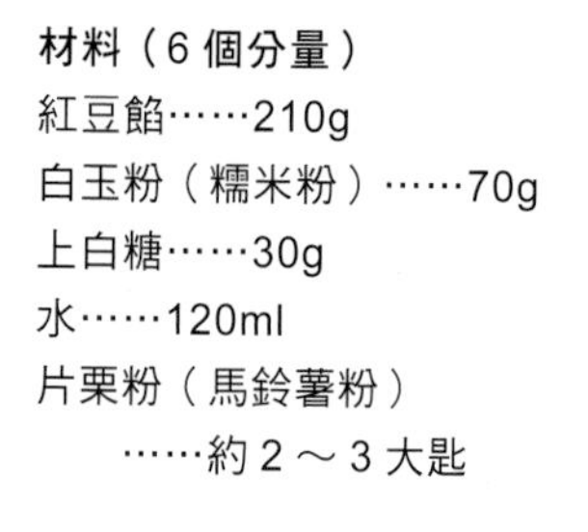

材料（6 個分量）

紅豆餡……210g
白玉粉（糯米粉）……70g
上白糖……30g
水……120ml
片栗粉（馬鈴薯粉）
……約 2 ～ 3 大匙

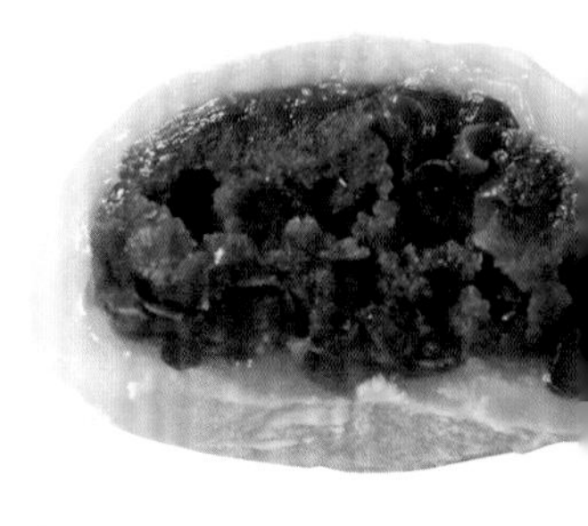

製作方法

1

將白玉粉與上白糖放入耐熱碗中徹底攪拌後，將水緩緩地加入，為避免產生小麵團塊，需用橡皮刮刀拌勻。

2

輕輕地包覆著保鮮膜，用微波爐 600W 加熱 1 分 30 秒後先暫時取出，用橡皮刮刀迅速攪拌。

3

再次輕輕地包覆著保鮮膜，用微波爐 600W 加熱各 1 分鐘，共計加熱 3 分鐘，每次取出時均需用橡皮刮刀迅速攪拌。

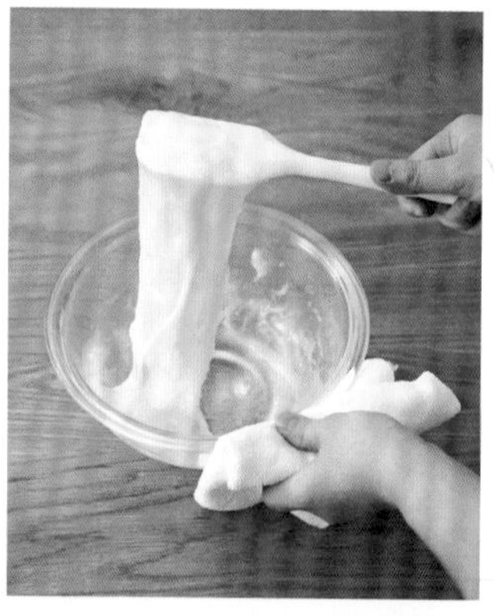

4

麵團產生透明感後，需攪拌到用橡皮刮刀翻攪時拉長而不會斷開的狀態。

5

接著放入撒有片栗粉的淺底方盤中，麵團表面也撒上片栗粉，趁溫熱之際分成 6 等分。可用拇指與食指夾著將麵團撕開，或用塗上片栗粉的刮板或料理剪刀切開。

6

將麵團上多餘的片栗粉輕輕拍落，在手上攤平，將圓形的紅豆餡放在上面後包起來。以同樣方式製作其他六個。

延伸食譜

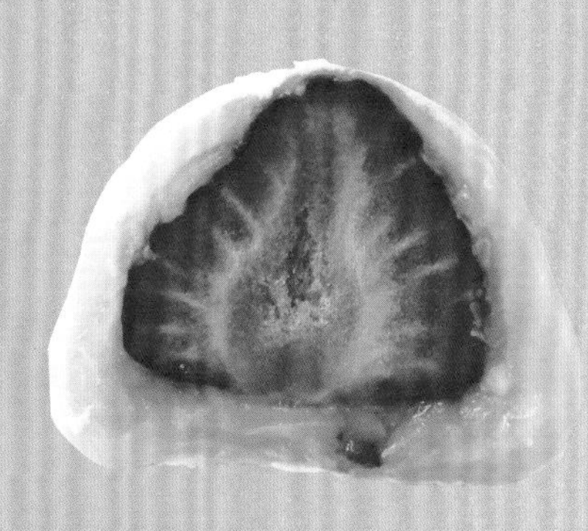

草莓大福

草莓的酸味與豆餡的甜味形成絕配。將白腰豆餡改為紅豆餡，或搭配無子葡萄會別有一番風味。

材料（6 個分量）

白腰豆餡⋯⋯100g
草莓⋯⋯6 顆（1 顆約 15g 左右的小顆粒）
白玉粉（糯米粉）⋯⋯70g
上白糖⋯⋯30g
水⋯⋯120ml
片栗粉（馬鈴薯粉）⋯⋯約 2 ～ 3 大匙

製作方法

將白腰豆餡分成 6 等分，包入摘掉蒂頭的草莓，用保鮮膜包覆著放入冰箱冷藏備用。按照「紅豆大福」步驟 **1** ～ **5** 製作。將麵團上多餘的片栗粉輕輕拍落後放在手上鋪平，將包著草莓的白腰豆餡放在上面包起來。以同樣方式製作其他五個。

黑豆大福

躍於舌尖的黑豆口感為其特色。可使用容易取得的市售黑豆，或新年吃剩的黑豆。

材料（6 個分量）

紅豆餡⋯⋯150g
白玉粉（糯米粉）⋯⋯70g
上白糖⋯⋯30g
水⋯⋯120ml
煮熟黑豆（市售）⋯⋯30 顆（約 30g）
片栗粉（馬鈴薯粉）⋯⋯約 2 ～ 3 大匙

製作方法

將煮熟的黑豆用紙除去多餘的水分後備用。按照「紅豆大福」步驟 **1** ～ **5** 製作。將麵團上多餘的片栗粉輕輕拍落後放在手上鋪平，將煮熟的 5 顆黑豆與揉成圓形的紅豆餡放在上面包起來。以同樣方式製作其他五個。

草餅

宛如水滴般可愛的造型。
在這道食譜中為了強調香味，
加入了很多艾草，但請依喜好調整。
使用裝飾用的黃豆粉，
讓風味與外觀獨樹一格。

材料（6 個分量）

紅豆餡……120g
上新粉（粳米粉）
……80g
餅粉……20g
上白糖……20g
水……160ml

艾草（乾燥）……3g
溫水……1 大匙
黃豆粉……適量
A ｜ 上白糖……1 大匙
｜ 水……2 大匙

〔預先準備〕

- 將紅豆餡分成 6 等分，並揉成圓形。
- 在碗中放入艾草（乾燥）與溫水，使艾草恢復原狀。
- 在淺底方盤上撒上一層薄薄的黃豆粉。

製作方法

1

將 **A** 倒入耐熱碗中，覆蓋上一層鬆鬆的保鮮膜，以微波爐 600W 加熱 40 秒使之溶解，放涼後做成糖漿（容易製作的分量）。

2

在另一個耐熱碗中放入上新粉、餅粉、上白糖後充分拌勻，將水緩緩加入，為避免形成小麵團塊，需用橡皮刮刀不斷攪拌。之後覆蓋上一層鬆鬆的保鮮膜，以微波爐 600W 加熱 2 分 30 秒，暫時取出後用橡皮刮刀迅速攪拌。

3

再次覆蓋上一層鬆鬆的保鮮膜，以微波爐 600W 加熱各 2 分鐘，共計加熱 4 分鐘。每次取出時均需用橡皮刮刀迅速攪拌。

4

艾草恢復原狀後連同湯汁一起加入麵團中，用橡皮刮刀迅速攪拌。均勻地摻混並揉成一團後，以攤平的大片保鮮膜包覆，如搗年糕般從保鮮膜上方用力搓揉。摺成對半後推壓拉長，再次摺成對半後推壓拉長，並重覆此動作。

5

手掌抹些 **1**，將 **4** 分成 6 等分並揉成圓形，放一個在手掌上鋪平後，將圓形的紅豆餡放在麵團上。邊用上方的手指推壓紅豆餡，邊握緊下方的 4 根手指，慢慢地旋轉麵皮，將紅豆餡包入。

6

紅豆餡大致包入時，捏緊麵皮。用拇指與食指收口，再將收口處往上捏拉並撕掉一小塊麵團。以同樣方式製作其他五個，放在撒有黃豆粉的淺底方盤上。

延伸食譜

艾草糰子（6 串分量）

在成串的糰子上加上自己偏好的紅豆餡分量。

製作方法

按照「草餅」步驟 **1**～**4** 製作。用塗上 **1** 的刮板分成 18 等分並揉圓，再以塗上 **1** 的竹籤各串入 3 個，盛在器皿上，再加上紅豆餡。

櫻餅 關西風 道明寺

外觀密布顆粒狀物，吃起來卻滑順綿密。
使用口感絕佳的道明寺粉包入豆餡。
清香撲鼻的櫻葉風味，
也請細細地品嘗看看。
也可將櫻葉剝掉直接享用。

關東風

以淡粉色的可麗餅麵團包入紅豆餡的關東風櫻餅。
要想產生鬆軟口感，光靠低筋麵粉是不夠的，還需加入白玉粉。
請盡情享用好像要溢出般的紅豆餡風味。

櫻餅（關西風 道明寺）

〔預先準備〕

・將紅豆餡分成 8 等分並揉圓。

・將鹽漬櫻葉迅速水洗後，泡水約 10 分鐘，除去鹽分。將水分拭去後用剪刀將莖剪掉。葉子太大片時則將靠近莖的部分稍微切除亦可。

＊道明寺粉：將糯米蒸熟，乾燥後磨製而成的粉。

材料（直徑 5 ㎝ × 8 個分量）

道明寺粉＊（中粒）……100g

食用色素（紅）……少許

水……150ml

上白糖……20g

鹽……1 撮

紅豆餡……120g

鹽漬櫻葉……8 片

A｜上白糖……1 大匙
　｜水……2 大匙

製作方法

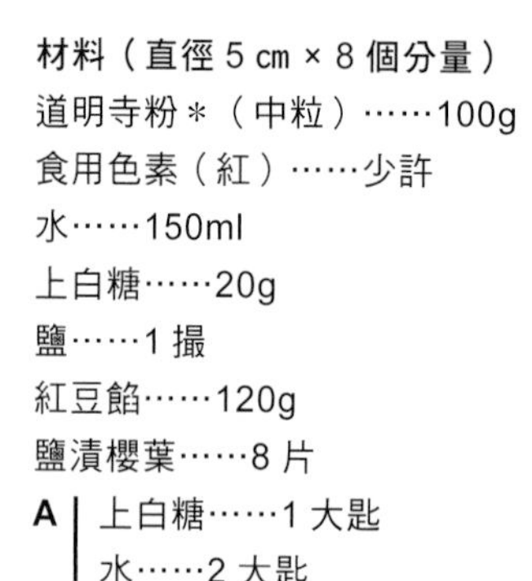

1

將 **A** 倒入耐熱碗中，覆蓋上一層鬆鬆的保鮮膜，以微波爐 600W 加熱 40 秒使之溶解，冷卻後做成糖漿。以分量外的水溶解食用色素，再以等分量的水，邊觀察樣子邊慢慢加入，調成淡櫻色。

2

將道明寺粉、上白糖、鹽、**1** 的櫻色水放入耐熱碗中，用橡皮刮刀攪拌。覆蓋上一層鬆鬆的保鮮膜，以微波爐 600W 加熱 4 分鐘。

3

稍加攪拌後用保鮮膜緊密地包覆著，蒸 10 分鐘。

4

用橡皮刮刀切拌，趁溫熱之際，將 **1** 的糖漿塗抹手掌，並將麵團分成 8 等分後揉圓。

5

將 **1** 的糖漿塗抹手掌，取一塊麵團放在手掌上輕輕攤平。放上圓形的紅豆餡並包起來，用手掌邊旋轉邊揉成圓形。以同樣方式製作其他七個。

6

櫻葉的葉脈這一面朝外，將 **5** 放在靠近莖的地方再包起來。以同樣方式製作其他七個。

櫻餅（關東風）

〔預先準備〕

- 將紅豆餡分成 10 等分並揉圓。
- 鹽漬櫻葉迅速水洗後，泡水約 10 分鐘除去鹽分。將水分拭去後用剪刀將莖剪掉。葉子太大片時則將靠近莖的部分稍微切除亦可。

材料（10 個分量）

白玉粉（糯米粉）……5g
低筋麵粉……60g
上白糖……40g
水……100ml
食用色素（紅）……少許
紅豆餡……180g
鹽漬櫻葉……10 片
油……適量

製作方法

1

以分量外的水溶解食用色素。

2

將白玉粉、上白糖放入碗中徹底攪拌。將水緩緩地加入，為避免產生小麵團塊，需用橡皮刮刀拌勻。

3

將低筋麵粉過篩加入，用橡皮刮刀拌勻，緩緩地加入 **1**，調成淺櫻色。

4

在平底鍋淋上薄薄一層油，以小火加熱，再敷上沾濕的乾淨布，可暫時將溫度冷卻下來（每次煎烤時可重複這動作）。每次各放入 1 大匙的 **3**，用湯匙的背面攤成橢圓形。

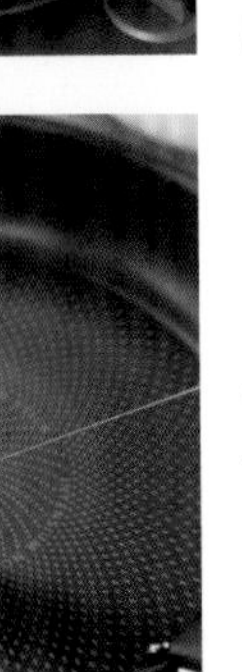

5

表面乾燥時就翻面，背面也迅速煎烤一下。將漂亮的那一面朝上，並列在烤盤紙上放涼。翻面時，用刮刀或竹籤等從邊緣輕輕剝離，或用手翻面，但需小心燙傷。

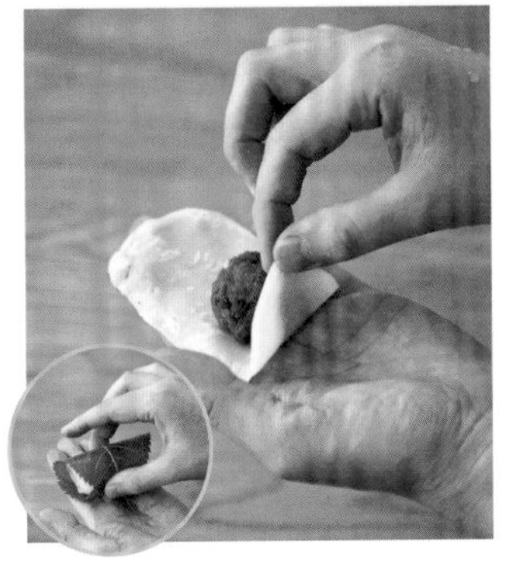

6

將漂亮的那一面朝下放在手上，放上圓形的紅豆餡包起來。櫻葉的葉脈這一面朝外，並將封口朝下放在靠近莖的地方再包起來。以同樣方式製作其他九個。

金鍔

用寒天凝固豆餡，形成外皮後，再將表面煎烤得香味四溢。
金鍔的外皮很薄，為了形成鬆軟彈牙的口感需搭配麵粉。
趁熱品嘗會有滿滿的幸福感。

材料（6 個分量）14×11×4.5㎝ 1 條分量

A
- 寒天粉……3g
- 水……70ml

紅豆餡……300g
上白糖……40g

○麵衣
- 白玉粉（糯米粉）……5g
- 上白糖……10g
- 水……4 大匙
- 低筋麵粉……30g

油……適量

〔預先準備〕

・在烤模上預先鋪上烘焙紙備用。

製作方法

1

將 **A** 倒入耐熱碗中，以打蛋器攪拌後，覆蓋上一層鬆鬆的保鮮膜，以微波爐 600W 加熱約 2 分鐘。

2

加入紅豆餡、上白糖，將整體混合拌勻後，再次覆蓋上一層鬆鬆的保鮮膜，以微波爐 600W 加熱 2 分鐘。

3

輕輕攪拌，待放涼後倒入烤模中，用橡皮刮刀迅速抹平，靜置於室溫下。

4

凝固後切成 6 等分。

5

將白玉粉與上白糖放入碗中徹底攪拌，將水緩緩地加入，為避免產生小麵團塊，需用橡皮刮刀拌勻。

6

將低筋麵粉過篩後加入，用橡皮刮刀攪拌至呈稠糊滑順狀態。分次加入少量的水並攪拌，直至用橡皮刮刀翻攪時呈滴垂狀態。

7

移至淺底方盤上，用手將 **4** 拿起，每面均沾上麵衣。

8

以中火加熱，在倒入一層薄油的平底鍋上，邊輕輕按壓邊煎烤。全部的面以同樣方式煎烤，並製作其他五個。

栗蒸羊羹

由於蒸煮時間長，許多人會覺得很麻煩，
其實很簡單就可製作出來。
利用市售的瓶裝栗子，就不需事前處理及調理。
即使栗子只準備裝飾用的分量也沒關係。

〔預先準備〕
- 在烤盤上預先鋪上烘焙紙備用。
- 將栗子甘露煮分成 6 個做為裝飾用，厚度對半切開。
- 備妥蒸鍋 ※。

※ 參閱 P25

＊栗子甘露煮：在水中加入砂糖、味醂等調味料，再加入栗子熬煮使其入味的一種糖煮料理方式。

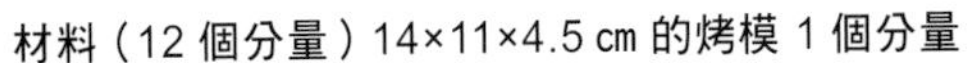

材料（12 個分量）14×11×4.5 ㎝ 的烤模 1 個分量

A | 紅豆餡……400g
上白糖……40g

低筋麵粉……30g

葛粉……10g

水……4 ～ 5 大匙

栗子甘露煮＊……200g

製作方法

1

將 **A** 倒入碗中，用橡皮刮刀攪拌，將低筋麵粉過篩加入後再攪拌。

2

將葛粉放入另一個碗中，再從等分量的水中取出 1 大匙加入攪拌溶化，再分 3 次加入 **1** 中拌勻。

3

剩下的水也緩緩地加入拌勻，直至用橡皮刮刀翻攪時會慢慢滴落，且堆積在下面不會立即變平的硬度。

4

加入栗子甘露煮，攪拌時需避免弄碎。

5

倒入烤模中，用橡皮刮刀將表面抹平，輕輕地倒入烤模可除去多餘的空氣。

6

放入冒著蒸氣的蒸鍋中，以中火蒸 50 分鐘。蒸的時候需注意避免鍋中的水乾掉。在表面擺上裝飾用栗子，再以中火蒸 2 ～ 3 分鐘後連同烤模一起放涼。完全冷卻後，從烤盤中取出，切成 12 等分。

紅豆餡滿溢的食譜1

大家都很喜歡吃

甜甜圈

不必讓麵團發酵也能製作的甜甜圈。用油炸或烘烤，請挑選喜歡的製作方式盡情享受一番。

用油炸

豆腐油炸紅豆餡甜甜圈

因包有豆腐，濕濕潤潤的，很容易包入，以經過一段時間也不會變硬的麵皮製成，一咬下去，油與紅豆餡在口中蔓延開來。

烤

烘焙
餡甜甜圈

脆，內餡的紅豆則濕潤綿密。

撒上糖粉，形成蓬鬆輕快的口感。

會稍微變硬，最好在剛出爐時就享用。

豆腐 油炸、烘焙

紅豆餡甜甜圈

材料（10 個分量）

蛋……1 顆
嫩豆腐……50g
黃砂糖……4 大匙
鹽……少許
太白芝麻油……1 大匙
A ｜低筋麵粉……160g
　｜泡打粉……1 小匙
紅豆餡……250g

○豆腐油炸紅豆餡甜甜圈
炸油……適量
黃砂糖……適量

○豆腐烘焙紅豆餡甜甜圈
砂糖粉……適量

〔預先準備〕
○豆腐油炸紅豆餡甜甜圈
・將紅豆餡分成 10 等分揉圓備用。

○豆腐烘焙紅豆餡甜甜圈
・將烤箱預熱至 180°C 備用。
・烤盤鋪上烘焙紙備用。
・將紅豆餡分成 10 等分揉圓備用。

製作方法

1

將蛋在碗中打散拌勻，加入嫩豆腐、黃砂糖、鹽後，用打蛋器徹底攪拌。呈稠糊狀時加入太白芝麻油拌勻。

2

將 **A** 混合並過篩後加入，用橡皮刮刀輕快地攪拌。

3

形成麵團後，手上抹些粉，將麵團分成 10 等分並揉圓，在手掌上攤平拉長。

烘焙…

4

將揉成圓形的紅豆餡放在上面包起來，再捏緊收口，排在鋪有烘焙紙的烤盤上。

5

放入已預熱至 180°C 的烤箱，烘烤約 15 分鐘。呈焦黃色時取出，放在網架上放涼後，撒上砂糖粉。

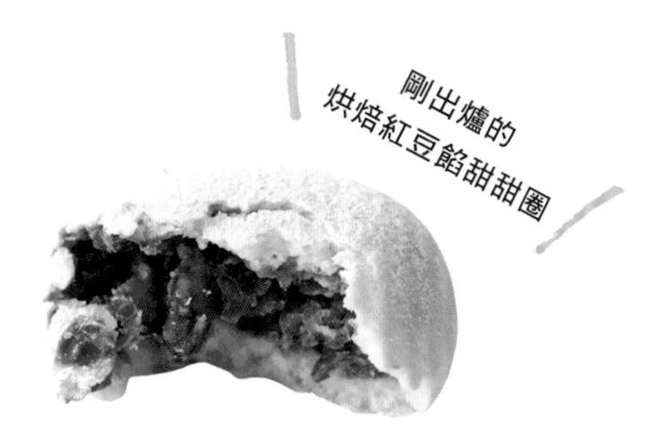

※ 相較於油炸紅豆餡甜甜圈，時間一久就會變硬。

油炸…

4

將揉成圓形的紅豆餡放在上面並包住，再捏緊收口，放在塗有手粉（分量外，若有的話，用高筋麵粉）的淺底方盤上。

5

將多餘的粉去掉，輕輕放入已預熱至 170°C 的油中，用長筷子不時地翻動，油炸約 3 分鐘。

6

變成黃褐色時取出，將油瀝掉，趁熱撒上黃砂糖。

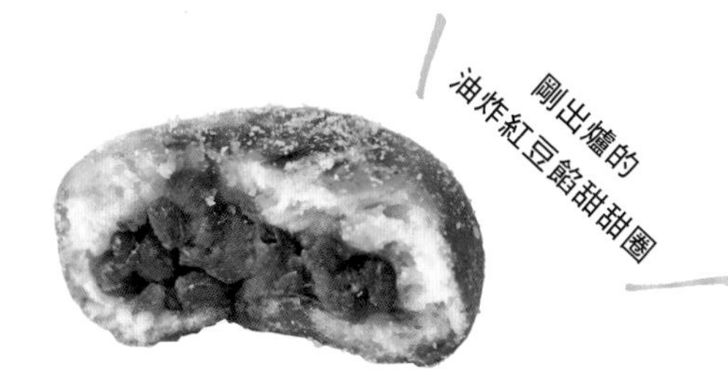

烘焙點心

常被認為與烘焙點心沾不上邊的紅豆餡，
其實也經常用於西式點心。
此處介紹幾種與乳製品及巧克力等西式食材很搭調、
散發著紅豆餡嶄新魅力的烘焙點心食譜。

磅蛋糕

在一個碗中混合材料，可快速製作的烘焙點心。
因並未使用奶油，
所以製作而成的每樣點心味道都很清爽。
材料單純，製作方法也很簡單，
推薦初學的人試著做做看這道點心。

SWEDISH DESIG

紅豆餡＋奶油乳酪的磅蛋糕

麵體中的乳酪乃是絕配。
剛出爐的鬆軟口感會讓人上癮。

材料（18×8×6 ㎝ 的磅蛋糕烤模 1 個分量）

紅豆餡……200g
奶油乳酪……50g
蛋……2 顆
黃砂糖……50g
太白芝麻油……50g
A
- 低筋麵粉……80g
- 杏仁粉……20g
- 泡打粉……1 小匙

〔預先準備〕

・烤箱預熱至 180°C。
・磅蛋糕烤模預先鋪上烘焙紙備用。

製作方法

1

奶油乳酪切成 1 ㎝小丁。

2

將蛋在碗中打散拌勻，加入黃砂糖，用打蛋器徹底攪拌。呈稠糊狀時加入太白芝麻油後拌勻，再加入紅豆餡，用打蛋器輕輕攪拌，儘量避免壓碎顆粒。

延伸食譜

紅豆餡＋地瓜的磅蛋糕

加入吸飽甜汁的熟軟地瓜。
可享受到爽口地瓜的嚼勁。

紅豆餡＋栗子的可可磅蛋糕

加入栗子，斷面可愛的黃色風味
與清爽口感為整體加分。

3

將 **A** 混合後過篩加入，用橡皮刮刀拌勻。在粉狀物有些殘留之餘，加入 **1** 的奶油乳酪，再輕快地攪拌至無粉狀物。

4

將麵糊倒入烤模，以預熱至 180°C 的烤箱烘焙 40 ～ 45 分鐘。

5

烘焙 10 分鐘左右時，用小菜刀在表面切一條裂縫，上面就可整齊分割。因烤箱的溫度會下降，請盡速作業。

6

插入竹籤，若未沾附黏糊糊的麵糊，表示已經烘焙完成。從烤模中取出，連同烘焙紙一起放在網架上放涼。

紅豆餡＋抹茶的磅蛋糕

日式點心也會使用到的抹茶，與西式點心也是絕配。

白腰豆餡＋杏子的磅蛋糕

帶有些許酸味的水果與白腰豆的搭配。水果也可用罐頭或果醬代替。

製作方法請見 54 頁

紅豆餡＋抹茶的磅蛋糕

材料（18×8×6 cm的磅蛋糕烤模 1 個分量）

紅豆餡……200g
蛋……2 顆
黃砂糖……50g
太白芝麻油……50g
A〔低筋麵粉……75g ／杏仁粉……20g ／抹茶粉……5g ／泡打粉……1 小匙〕

製作方法

將 **A** 混合後過篩備用。按照「紅豆餡＋奶油乳酪的磅蛋糕」步驟 **1** ～ **2** 製作。將 **A** 混合後過篩加入，輕快地攪拌至無粉狀物為止。再製作 **4** ～ **6**。

紅豆餡＋地瓜的磅蛋糕

材料（18×8×6 cm的磅蛋糕烤模 1 個分量）

紅豆餡……200g ／地瓜……50g（約 1/4 條）
a〔水……1 大匙／黃砂糖……1/2 大匙／米醂……1/2 大匙〕
蛋……2 顆／黃砂糖……50g ／太白芝麻油……50g
A〔低筋麵粉……80g ／杏仁粉……20g ／泡打粉……1 小匙〕

製作方法

將地瓜連皮徹底洗淨，連皮切成 1 cm的小丁，泡一下水後將水瀝乾。將 **a** 放入耐熱器皿中拌勻，將地瓜放入，覆蓋上一層鬆鬆的保鮮膜，以微波爐 600W 加熱約 2 分鐘。連同保鮮膜一起燜著，靜置放涼。按照「紅豆餡＋奶油乳酪的磅蛋糕」步驟 **2** ～ **6** 製作。在 **3** 的步驟中加入地瓜取代奶油乳酪。

白腰豆餡＋杏子的磅蛋糕

材料（18×8×6 cm的磅蛋糕烤模 1 個分量）

白腰豆餡……200g
杏子乾……50g（約 10 個分量）
蘭姆酒……1 大匙
蛋……2 顆／黃砂糖……50g ／太白芝麻油……50g
A〔低筋麵粉……80g ／杏仁粉……20g ／泡打粉……1 小匙〕

製作方法

將杏子乾切丁成 2 cm放入碗中，加入蘭姆酒後用保鮮膜緊密覆蓋著，醃漬 10 分鐘左右。按照「紅豆餡＋奶油乳酪的磅蛋糕」步驟 **2** 製作。在 **3** 的步驟中加入杏子乾取代奶油乳酪。輕快地攪拌至無粉狀物為止。再製作 **4** ～ **6**。

紅豆餡＋栗子的可可磅蛋糕

材料（18×8×6 cm的磅蛋糕烤模 1 個分量）

紅豆餡……200g
栗子甘露煮……100g
蛋……2 顆
黃砂糖……50g
太白芝麻油……50g
A〔低筋麵粉……70g ／杏仁粉……20g ／可可粉……10g ／泡打粉……1 小匙〕

製作方法

將 **A** 混合後過篩備用。將栗子甘露煮切成 6 等分。按照「紅豆餡＋奶油乳酪的磅蛋糕」步驟 **2** 製作。在 **3** 的步驟中加入栗子甘露煮取代奶油乳酪。輕快地攪拌至無粉狀物為止。再製作 **4** ～ **6**。

瑪芬

所使用的材料與磅蛋糕的麵糊幾乎相同，做成容易食用的大小。可當作早餐或點心享用。

紅豆餡＋紅茶的瑪芬

切開時紅豆餡露出來。

材料（直徑 7㎝的瑪芬烤模 ×6 個分量）

紅豆餡……200g
蛋……1 顆
黃砂糖……50g
紅茶的茶葉（茶包）……1 包
太白芝麻油……2 大匙
豆漿（成分未經調整）……3 大匙
A｜低筋麵粉……100g
　｜泡打粉……1 小匙

〔預先準備〕

- 將烤箱預熱至 180℃。
- 瑪芬烤模預先鋪上烘焙紙備用。
- 將紅茶的茶葉從茶包中取出備用。

製作方法

1. 將紅豆餡分成 6 等分並揉圓。
2. 將蛋在碗中打散拌勻，加入黃砂糖，用打蛋器攪拌至呈稠糊狀時，依序加入紅茶的茶葉、太白芝麻油及豆漿後拌勻。
3. 將 **A** 混合後過篩加入，用打蛋器攪拌至無粉末狀物。
4. 將 **3** 的麵糊以每次 1 大匙左右倒入烤模中，放入 **1** 已揉成圓形的紅豆餡，再倒入剩下的麵糊。放入已加熱至 180°C 的烤箱，烘焙 20 ～ 25 分鐘。
5. 插入竹籤，若未沾附黏糊糊的麵糊，表示已經烘焙完成。從烤模中取出，連同烘焙紙一起放在網架上放涼。

白腰豆餡＋藍莓的瑪芬

延伸食譜

將豆餡拌入麵糊中。藍莓用冷凍或新鮮的均可。

材料（直徑 7㎝的瑪芬烤模 ×6 個分量）

白腰豆餡……200g ／藍莓（冷凍）……50g
蛋……1 顆／黃砂糖……50g ／太白芝麻油……2 大匙／豆漿（成分未經調整）……3 大匙
A〔低筋麵粉……100g ／泡打粉……1 小匙〕

製作方法　從 **A** 的低筋麵粉分出 1 大匙左右塗滿藍莓備用。按照「紅豆餡＋紅茶的瑪芬」同樣的步驟製作。**2** 若呈稠糊狀時，依序加入太白芝麻油與豆漿後拌勻。在 **3** 之後加入藍莓，用橡皮刮刀輕輕混合攪拌。

司康

表面咔滋作響，內部則酥脆爽口。
因將紅豆餡拌入麵團，用力咬下去時會在口中鬆軟地散開來。
由於可預先製作，所以也很適合當作早餐。

紅豆餡＋焙茶的司康

使用茶包中的茶葉也香氣十足。
請與焙茶一起享用。

材料（4㎝方形司康 ×6.5 個分量）

A
- 低筋麵粉……120g
- 泡打粉……1 小匙
- 鹽……少許
- 焙茶的茶葉……茶包 2 包分量（1 大匙）

太白芝麻油……3 大匙
紅豆餡……100g

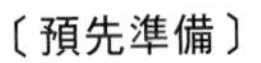

〔預先準備〕

- 烤箱預熱至 200°C。
- 將烤盤紙預先鋪在烤盤上備用。

製作方法

1

將 **A** 放入碗中，用手劃圈攪拌。

2

將太白芝麻油、紅豆餡放在中央，邊攪動周圍的粉末，邊用刮板切拌，迅速拌勻。

3

形成一團時，用刮板將麵團對半切開，再疊在一起，從上面按壓。反覆進行約 10 次。

4

形成一團後，用手拉長成 8×12 ㎝（約 2 ㎝厚），再用刮板切成 6 等分。預先將四個角切掉，層次會顯得更為漂亮。再將剩餘的麵團集合揉成圓形，可做成 1/2 個。

5

在烤盤上等距並排，以預熱至 200°C 的烤箱烘焙 10 分鐘，調降至 180°C 後，再烘焙 5 ～ 8 分鐘。

6

微焦時取出，放在網架上放涼。

延伸食譜

紅豆餡＋黃豆粉的司康

萬用食材的黃豆粉，是一種口味不會過重的清爽食材。

材料（3×7 ㎝的司康 ×6.5 個分量）

A | 低筋麵粉……110g
黃豆粉……10g
泡打粉……1 小匙
鹽……少許

太白芝麻油……3 大匙
紅豆餡……100g
黃豆粉……適量

製作方法 按照「紅豆餡＋焙茶的司康」步驟 **1**～**3** 製作。將麵團拉長成 9×14 ㎝（約 2 ㎝厚），用刮板切成 6 等分。在烤盤上等距並排，將適量的黃豆粉用濾茶器過篩並撒入，再用已預熱至 200°C 的烤箱烘焙 10 分鐘，再調降至 180°C 烘焙 5～8 分鐘。呈微焦時取出，放在網架上放涼。

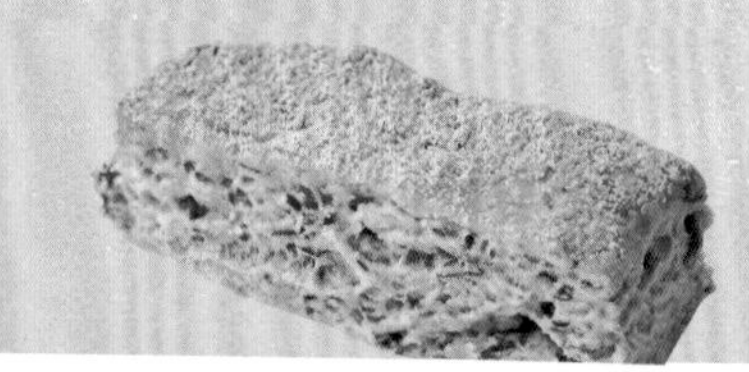

白腰豆餡＋黑芝麻的司康

芝麻粉與炒芝麻各有不同的芳香風味。

材料（直徑 6 ㎝的司康 ×5.5 個分量）

A | 低筋麵粉……110g
黑芝麻粉……10g
炒黑芝麻粉……1 大匙
泡打粉……1 小匙
鹽……少許

太白芝麻油……3 大匙
白腰豆餡……100g

製作方法 按照「紅豆餡＋焙茶的司康」步驟 **1**～**3** 製作。將麵團拉長成 12×12 ㎝（約 2 ㎝厚），用切模或杯子切成圓形。剩餘的邊角材料可以重新揉成團拉成同樣厚度，再用切模切製成另一個。如步驟 **5**～**6** 製作。

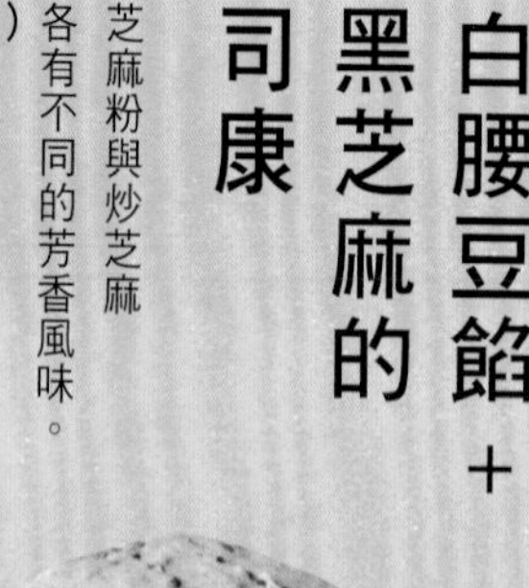

紅豆餡＋白巧克力的司康

加入滿滿的巧克力，吃了令人無比開心！

材料（約 5 ㎝的三角形司康 ×6 個分量）

A | 低筋麵粉……120g
泡打粉……1 小匙
鹽……少許

太白芝麻油……3 大匙
紅豆餡……100g
白巧克力……50g

製作方法 將白巧克力用手捏碎。按照「紅豆餡＋焙茶的司康」步驟 **1** 製作。於 **2** 的步驟加入白巧克力。將麵團拉長成直徑 12 ㎝的圓盤狀（約 2 ㎝厚），用刮板切割成放射狀 6 等分。如步驟 **5**～**6** 製作。

乳酪蛋糕

香脆的蛋糕基底上鋪滿了紅豆餡，
再從上面倒入麵糊，烤成溫潤綿密的蛋糕。
就如紅豆餡與牛奶很搭配一樣，
紅豆餡與乳酪也是絕配。
即便只是將紅豆餡混入麵團烘焙，
也會令人垂涎欲滴。

紅豆餡+黃豆粉的乳酪蛋糕

加入黃豆粉的麵體雖會變得緊密，
但因加入優格及鮮奶油，而會呈現出溫潤綿密的狀態。

材料（直徑 18 cm的底部可分離之圓形烤模）

○**基底 A**〔全麥麵粉……80g／黃砂糖……20g／鹽……少許〕
太白芝麻油……2 大匙

○**麵糊** 奶油乳酪……200g
黃砂糖……60g
蛋……2 顆
原味優格……100g
鮮奶油…100ml
黃豆粉……3 大匙

紅豆餡……150g

〔預先準備〕
將烤箱預熱至 180°C。

製作方法

1

製作基底。將 **A** 放入碗中，用手劃圈攪拌。

2

加入太白芝麻油，用刮板迅速切拌混合。

3

整成一團後，用刮板將麵團對半切開，疊在一起後，從上面按壓。反覆進行約 10 次。

4

放入烤模內，邊緊緊地按壓，邊鋪滿烤模底部，並用叉子在上面戳洞。以預熱至 180°C 的烤箱烘焙 20 分鐘。呈微焦時取出，靜置放涼。

5

製作麵糊。將烤箱預熱至 160°C。將奶油乳酪倒入碗內，攪拌至柔軟，加入黃砂糖後用打蛋器打至乳霜狀。

6

分次各加入 1 顆蛋後拌勻，將原味優格與鮮奶油依序加入攪拌。

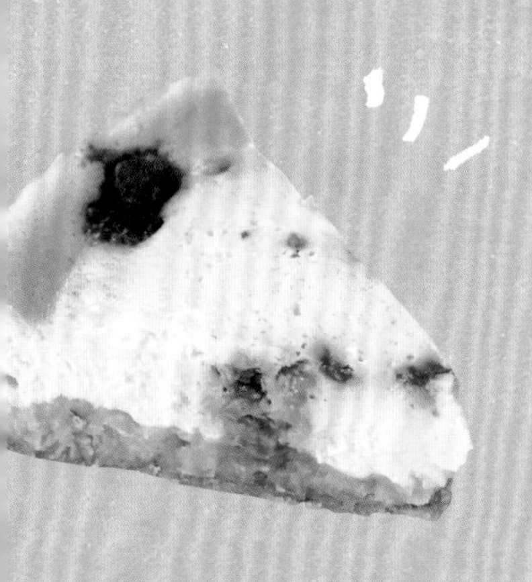

延伸食譜

白腰豆餡＋樹莓的乳酪蛋糕

水果與白腰豆的簡易搭配。
烘焙後變柔軟的樹莓與乳酪麵體很搭。

材料（直徑 18 cm的底部可分離之圓形烤模）

○基底

A | 全麥麵粉……80g
黃砂糖……20g
鹽……少許

太白芝麻油……2 大匙

○麵糊

奶油乳酪……200g
黃砂糖……60g
蛋……2 顆
原味優格……100g
鮮奶油…100ml
玉米粉……2 大匙
白腰豆餡……150g
樹莓（冷凍）……60g

製作方法

按照「紅豆餡＋黃豆粉的乳酪蛋糕」步驟 **1** ～ **6** 製作。加入玉米粉，用打蛋器攪拌，最後用橡皮刮刀拌勻。將白腰豆餡放入 **4** 的烤模中，整個攤平，將 **6** 的麵糊一半分量從上面倒入。加入樹莓的一半分量，再將其餘的麵糊倒入，並散布其餘的樹莓。以預熱至 160°C 的烤箱烘焙 50 ～ 60 分鐘後，放在網架上放涼。待冷卻後連同烤模放入冰箱冷藏。可以的話，靜置一晚為佳。

- 使用底部不可分離之圓形烤模時，預先將烤模塗上油（分量外），再薄薄地塗滿一層低筋麵粉（分量外）即可，或鋪上烘焙紙備用。
- **7** 之後用過濾器過篩，可使口感更加滑順。

7

再來將黃豆粉用濾茶器過篩後加入，用打蛋器攪拌，最後用橡皮刮刀拌勻。

8

將紅豆餡放入 **4** 的烤模中，整個鋪滿。

9

將 **7** 的麵糊從上面倒入。

10

以預熱至 160°C 的烤箱烘焙 50 ～ 60 分鐘後，放在網架上放涼。待冷卻後連同烤模放入冰箱冷藏。可以的話，靜置一晚為佳。

非常方便使用的

紅豆抹醬

只用紅豆餡＋食材就可製作完成，
用途廣泛的簡易食譜。

紅豆餡抹醬：紅
白腰豆餡抹醬：白

紅

少糖且分量多

地瓜紅豆餡抹醬

材料（容易製作的分量）
紅豆餡……100g
地瓜…淨重 50g（削皮）

製作方法

1. 將地瓜切成 4 等分，泡一下水後將水瀝乾。稍微帶點水分放入耐熱碗中，覆蓋上一層鬆鬆的保鮮膜，以微波爐 600W 加熱 2 分鐘。
2. 變軟後，趁溫熱之際用橡皮刮刀壓碎，攪拌成滑順狀。加入紅豆餡後拌勻。

可抹在麵包、餅乾、糯米糰子上

黑芝麻紅豆抹醬

材料（容易製作的分量）
紅豆餡……100g
純芝麻醬……1 大匙

製作方法

將純芝麻醬放入碗內，用橡皮刮刀攪拌至柔軟，再加入紅豆餡拌勻。

白

抹在原味餅乾上

白腰豆餡檸檬抹醬

材料（容易製作的分量）

白腰豆餡……100g
檸檬皮（磨泥、日本產）
……1顆（約2小匙）

製作方法

將白腰豆餡放入碗中，加入檸檬皮後拌勻。

白

塗在麵包上，可作為早餐

白腰豆餡焦糖抹醬

材料（容易製作的分量）

白腰豆餡……100g
○奶油焦糖醬
細砂糖…50g
鮮奶油（35%左右）……2大匙

製作方法

1. 將鮮奶油放入耐熱碗中，以微波爐600W加熱20秒溫熱備用。
2. 將細砂糖放入鍋中，以中火加熱，細砂糖溶解成褐色後，加入**1**的鮮奶油拌勻後放涼。
3. 從**2**取1大匙加入白腰豆餡，攪拌至滑順。

紅

也可取代生銅鑼燒的紅豆餡奶油

紅豆餡馬司卡彭（Mascarpone）抹醬

材料（容易製作的分量）

紅豆餡……100g
馬司卡彭乳酪…50g

製作方法

將紅豆餡、馬司卡彭乳酪放入碗中混合拌勻。

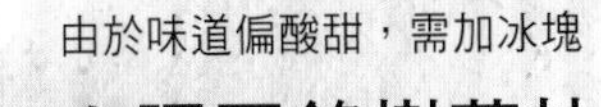

白

由於味道偏酸甜，需加冰塊

白腰豆餡樹莓抹醬

材料（容易製作的分量）

白腰豆餡……100g
A 樹莓（冷凍）……20g
上白糖……2小匙

製作方法

1. 將**A**放入稍大的耐熱碗中，不需包覆保鮮膜，以微波爐600W加熱2分鐘後放涼。
2. 加入白腰豆餡後拌勻。

塔

不論是塔的基底還是杏仁奶油霜，
均未使用奶油，是一種非常健康的點心。
搭配蔬菜及水果，
製作成輕食的風味與口感。
可品嘗到紅豆餡甜蜜的味道。

紅豆餡香蕉塔

東方甜點經常可看到
香蕉搭配紅豆餡做成的蛋糕。

材料（直徑 18 ㎝ 的塔烤模 1 個分量）

○塔麵皮

A | 低筋麵粉……100g
　| 黃砂糖……3 大匙
　| 鹽……少許

太白芝麻油……3 大匙

○杏仁奶油霜

蛋……1 顆
豆漿（成分未經調整）……50ml
黃砂糖……20g
杏仁粉……70g
紅豆餡……70g
香蕉……1 條

〔預先準備〕

將烤箱預熱至 180°C。

製作方法

1

製作塔麵皮。將 **A** 放入碗中，用手劃圈攪拌。加入太白芝麻油後用刮板切拌迅速拌勻，揉成一團後用刮板將麵團對半切開，再疊在一起，從上面按壓。如此反覆約進行 10 次。

2

用保鮮膜夾著麵團，再用擀麵棍擀成 3 ㎜厚，並擀成比烤模還要大上一圈。在烤模的側面按壓麵團，緊緊地鋪入。

3

在烤模上滾動擀麵棍，將超出烤模的多餘麵皮切掉。以剩餘的麵皮補強較薄弱的部分。

延伸食譜

紅豆餡南瓜塔

排著滿滿的南瓜，看起來很熱鬧。享受鬆軟好吃的口感。

材料（直徑 18 ㎝ 的塔烤模 1 個分量）

○塔麵皮 A〔低筋麵粉……100g／黃砂糖……3 大匙／鹽……少許〕太白芝麻油……3 大匙

○杏仁奶油霜　蛋……1 顆／豆漿（成分未經調整）……50ml／黃砂糖……20g／杏仁粉……70g

紅豆餡……70g／南瓜（挖掉籽）……150g

製作方法　南瓜連皮一起切成 1.5 ㎝小丁，用水迅速洗一下後取出，在稍殘留著水分的狀態下放入耐熱碗中，覆上一層鬆鬆的保鮮膜，以微波爐 600W 加熱 4 分鐘後放涼。按照「紅豆餡香蕉塔」步驟 **1**～**7** 製作。將南瓜排列在上面並輕壓一下。以預熱至 180°C 的烤箱烘焙 30 分鐘。取出並放在網架上放涼後，脫模。

4

用叉子在整個底面上戳洞，再以預熱至 180°C 的烤箱烘焙 20 分鐘。因未始用壓板，若未確實戳洞，底部會膨脹，此處需注意。暫時取出後，連同烤模一起放涼。

5

製作杏仁奶油霜。將蛋打入碗內，用打蛋器拌勻。依序放入黃砂糖、豆漿後混合拌勻，將杏仁粉過篩加入後再攪拌。

6

攪拌成滑順狀後加入紅豆餡，輕輕攪拌，避免壓碎顆粒。最後用橡皮刮刀攪拌。

7

倒入 **4**，用橡皮刮刀抹平。

8

將切成 7 ㎜厚圓片的香蕉排列在上面，並輕輕按壓。以預熱至 180°C 的烤箱烘焙 30 分鐘。

9

取出並放在網架上放涼後，脫模。

紅豆餡蘋果塔

依塔麵皮、紅豆餡、杏仁奶油霜、蘋果的順序重疊，形成層次。也可依喜好將紅豆餡混入麵團中。

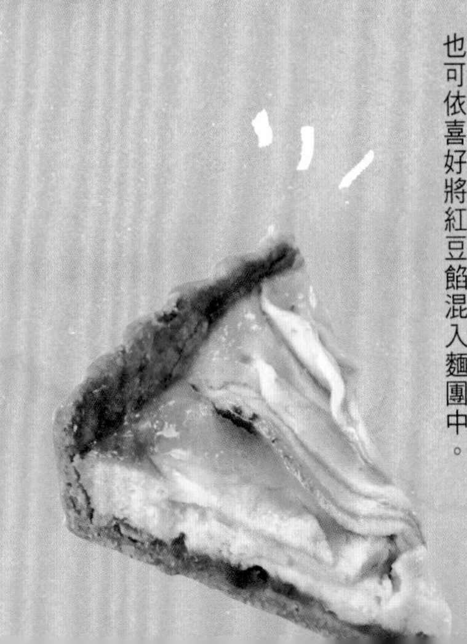

材料（直徑 18 ㎝ 的塔烤模 1 個分量）

〇**塔麵皮 A**〔低筋麵粉……100g／黃砂糖……3 大匙／鹽……少許〕太白芝麻油……3 大匙

〇杏仁奶油霜　蛋……1 顆／豆漿（成分未經調整）……50ml
黃砂糖……20g／杏仁粉……70g
紅豆餡……70g／蘋果……1/2 顆／糖粉……適量

製作方法　按照「紅豆餡香蕉塔」步驟 **1** ～ **5** 製作。於 **4** 將紅豆餡鋪平，將 **5** 倒入後抹平。將蘋果削皮並去籽後切成 2 ㎜厚的月牙形，從外側開始一片片錯開排列，並輕輕按壓。撒上糖粉，以預熱至 180°C 的烤箱烘焙 30 分鐘。取出並放在網架上放涼後，脫模。

派

麵團中不使用奶油，
而是將低筋麵粉與高筋麵粉相混合揉捏，
從而產生鬆脆的口感。
內餡的食材可隨喜好變更。

紅豆餡栗子派(Marron Pie)

加入一口大小的
香蕉、無花果乾或杏子，
也同樣美味可口。

材料（5 cm的方形派 ×8 個分量）

A
- 低筋麵粉⋯⋯50g
- 高筋麵粉⋯⋯50g
- 黃砂糖⋯⋯1 小匙
- 鹽⋯⋯少許

冷水⋯⋯1 ～ 2 大匙
太白芝麻油⋯⋯3 大匙
紅豆餡⋯⋯80g
糖煮澀皮栗子⋯⋯2 顆
攪勻蛋液⋯⋯1/2 顆

〔預先準備〕
・烤箱預熱至 200°C。
・烤盤鋪上烤盤紙備用。

製作方法

1

將糖煮澀皮栗子切成 4 等分。

2

將 **A** 放入碗中，用手劃圈攪拌。加入冷水，用雙手互相搓揉。

3

呈鬆散狀時，加入太白芝麻油，邊緊緊按壓邊搓揉。

4

呈滑順狀時，緊密包覆保鮮膜靜置約 30 分鐘。

5

麵團分成 8 等分後將各個麵團放在保鮮膜上面，並以擀麵棍擀成 12 ㎝ 方形（約 2 ㎜厚），中央放置紅豆餡 1/8 分量與 **1** 的糖煮澀皮栗子。因需將每邊包入，未呈整齊的四角形也無妨。

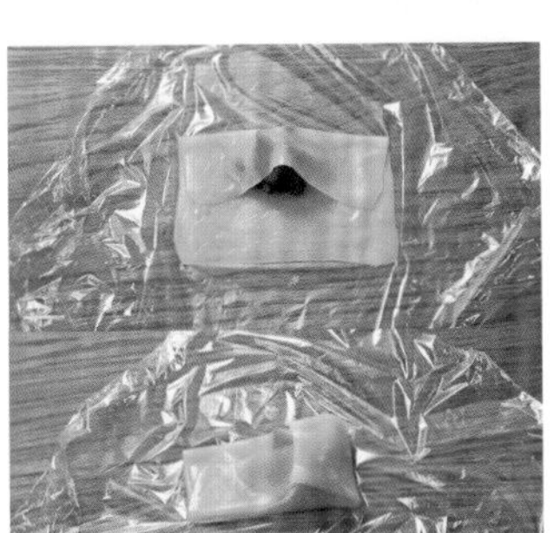

6

在邊緣塗上攪勻的蛋液，將上下左右摺疊起來。按壓封口處使之成形，並以同樣方式製作其他七個。

7

在烤盤上等距並排，並將全部麵團塗上攪勻的蛋液。以預熱至 200°C 的烤箱烘焙 20 ～ 25 分鐘。

8

烤成剛好的微焦色時取出，放在網架上放涼。

巧克力蛋糕

因摻有紅豆與豆腐，可減少巧克力的比例，
製作成低熱量的健康點心。
充滿巧克力風味。
切面可見到紅豆餡。

紅豆餡＋豆腐的巧克力蛋糕

巧克力麵團加入紅豆增添口感。

〔預先準備〕

・烤箱預熱至 160°C。
・蛋打散拌勻備用。
・將 **A** 混合後過篩備用。
・圓形烤盤鋪上烘焙紙備用。

材料（直徑 15 ㎝的圓形烤模 1 個分量）

巧克力（甜）……100g
蛋……3 顆
嫩豆腐……100g
紅豆餡……200g
A｜低筋麵粉……20g
　｜可可粉……20g
　｜泡打粉……1 小匙
糖粉……有的話，適量

製作方法

1

將巧克力放入碗內，用熱水隔水加熱至融化。

2

將裝有熱水的容器拿開，加入嫩豆腐，用打蛋器攪拌均勻。

3

將攪勻蛋液分 4 ～ 5 次緩緩加入，每次都用打蛋器仔細拌勻。

4

將 **A** 過篩後加入，仔細拌勻至呈現光澤。

5

加入紅豆餡，用橡皮刮刀攪拌後倒入烤模中，以預熱至 160°C 的烤箱烘焙 40 ～ 50 分鐘。

6

用竹籤戳看看，若未沾附黏糊糊的麵團，表示已經烘焙完成（若還稍微黏糊糊的也 OK）。連同烤模一起放在網架上放涼。冷卻後脫模，剝去烘焙紙。若有糖粉則撒些上去。

戚風蛋糕

以徹底打發的蛋白霜製成的鬆軟麵體中，
摻入了大量紅豆餡的基本款蛋糕。
為避免麵體塌陷，烘焙完成時請翻面放涼。

COFFEE

白腰豆餡＋陳皮的戚風蛋糕

橘子的酸甜搭配白腰豆的樸素風味。

材料（直徑 17 ㎝的戚風烤模）
低筋麵粉……70g
蛋黃……4 顆
黃砂糖……20g
太白芝麻油……2 大匙
豆漿（成分未經調整）……3 大匙
白腰豆餡……120g
陳皮（切碎）……40g

蛋白霜

蛋白……4 顆
黃砂糖……30g

〔**預先準備**〕
將烤箱預熱至 180°C。

製作方法

1

將蛋黃放在碗裡打散拌勻，加入黃砂糖後用打蛋器仔細攪拌至變白、變稠為止。

2

將太白芝麻油、豆漿分別緩緩地加入，每次均需徹底混勻。再將低筋麵粉過篩加入，以打蛋器攪拌至產生光澤。

3

加入白腰豆餡與陳皮，攪拌時需避免壓碎顆粒。

4

在另一個碗中攪拌蛋白，將砂糖分 2 次加入，每次都用電動打蛋器打發，製成十分穩定的蛋白霜。

5

將 **4** 的蛋白霜 1/3 分量加入 **3** 的碗中，用打蛋器迅速攪拌。再將其餘的蛋白霜分 2 次加入，用橡皮刮刀攪拌，需注意避免消泡。

6

倒入烤模內，用拇指按著圓筒，將烤模繞圈轉動，以便除去多餘的空氣。

7

以預熱至 180°C 的烤箱烘焙 30 分鐘左右，烘焙完成後，從高約 30 ㎝處脫模，消除裡面的熱空氣，以防止塌縮。之後為保持膨鬆，將瓶口倒扣放涼。

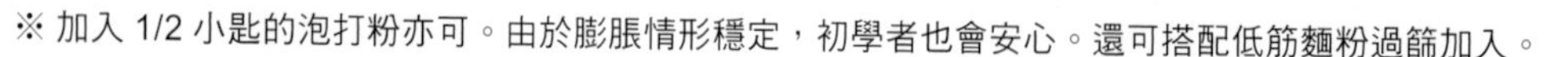

※ 加入 1/2 小匙的泡打粉亦可。由於膨脹情形穩定，初學者也會安心。還可搭配低筋麵粉過篩加入。

延伸食譜

紅豆餡＋牛奶的戚風蛋糕

煉乳加上牛奶，增添奶香風味。

材料（17 cm的戚風烤模）

低筋麵粉……70g／蛋黃……4 顆／黃砂糖……20g

煉乳……1 大匙／太白芝麻油……2 大匙

牛奶……2 大匙／紅豆餡……120g

蛋白霜〔蛋白……4 顆／黃砂糖……30g〕

〔**預先準備**〕將烤箱預熱至 180°C。

製作方法　將蛋黃放在碗裡打散拌勻，加入黃砂糖後用打蛋器仔細攪拌至變白、變稠為止。將煉乳、太白芝麻油、牛奶分別緩緩地加入，每次均需徹底混勻，再將低筋麵粉過篩後加入，以打蛋器攪拌至產生光澤。加入紅豆餡，攪拌時需避免壓碎顆粒。按照「白腰豆餡＋陳皮的戚風蛋糕」步驟 **4** ～ **7** 製作。

紅豆餡＋抹茶的戚風蛋糕

將抹茶的風味揉入麵團中。

材料（17 cm的戚風烤模）

A〔低筋麵粉……65g／抹茶粉……5g〕

蛋黃……4 顆／黃砂糖……20g／太白芝麻油……2 大匙／豆漿（成分未經調整）……3 大匙／紅豆餡……120g

蛋白霜〔蛋白……4 顆／黃砂糖……30g〕

〔**預先準備**〕將烤箱預熱至 180°C。

製作方法　將蛋黃放在碗裡打散拌勻，加入黃砂糖後用打蛋器仔細攪拌至變白、變稠為止。將太白芝麻油、豆漿分別緩緩地加入，每次均需徹底混勻，再將 **A** 過篩後加入，以打蛋器攪拌至產生光澤。加入紅豆餡，攪拌時需避免壓碎顆粒。按照「白腰豆餡＋陳皮的戚風蛋糕」步驟 **4** ～ **7** 製作。

紅豆餡＋咖啡的戚風蛋糕

苦澀與香味四溢的大人口味

材料（17 cm的戚風烤模）

低筋麵粉……70g／蛋黃……4 顆／黃砂糖……20g／太白芝麻油……2 大匙／**A**〔即溶咖啡（顆粒）……1 又 1/2 大匙／熱開水……3 大匙〕紅豆餡……120g

蛋白霜〔蛋白……4 顆／黃砂糖……30g〕

〔**預先準備**〕將烤箱預熱至 180°C。

製作方法　將 **A** 充分混勻，放涼至 40°C 備用。將蛋黃放在碗裡打散拌勻，加入黃砂糖後用打蛋器仔細攪拌至變白、變稠為止。將太白芝麻油、**A** 分別緩緩地加入，每次均需徹底混勻，再將低筋麵粉過篩後加入，以打蛋器攪拌至產生光澤。加入紅豆餡，攪拌時需避免壓碎顆粒。按照「白腰豆餡＋陳皮的戚風蛋糕」步驟 **4** ～ **7** 製作。

進一步

延伸

紅豆餡蛋糕卷

海綿麵糊所使用的材料與製作方法與戚風蛋糕相同。倒入烤盤抹平烘焙後，將紅豆餡奶油整個塗滿，再紮實地捲起來就製作完成了。

材料（27×27 cm的烤盤 1 條分量）

○海綿麵糊

低筋麵粉……50g

蛋黃……3 顆

黃砂糖……20g

太白芝麻油……2 大匙

牛奶……2 大匙

蛋白霜

蛋白……3 顆

黃砂糖……30g

○紅豆餡奶油

鮮奶油……100ml

紅豆餡……100g

※ 此處為發揮紅豆餡的風味，使用乳脂含量 35%的鮮奶油。

〔預先準備〕

- 將烤箱預熱至 190°C。
- 在烤盤鋪上烘焙紙備用。

※30×30 cm的烤盤 1 條分量時

○海綿麵糊

低筋麵粉……70g ／蛋黃……4 顆

黃砂糖……30g ／太白芝麻油……3 大匙／牛奶……3 大匙

○蛋白霜

蛋白……4 顆／黃砂糖……30g

○紅豆餡奶油

鮮奶油……150ml ／紅豆餡……150g

製作方法

〔烘焙海綿〕

1

將蛋黃放在碗裡拌勻，加入黃砂糖後用打蛋器仔細攪拌至變白、變稠為止。將太白芝麻油、牛奶分次緩緩地加入，每次均需徹底混勻。

2

將低筋麵粉過篩後加入，以打蛋器攪拌至產生光澤。

3

將蛋白放入另一個碗中，將黃砂糖分兩次加入，每次均用電動打蛋器打發，製作成紮實的蛋白霜。

4

將 **3** 的蛋白霜 1/3 分量放入 **2** 的碗中，用打蛋器迅速攪拌。再將其餘的蛋白霜分 2 次加入，用橡皮刮刀攪拌避免消泡。

5

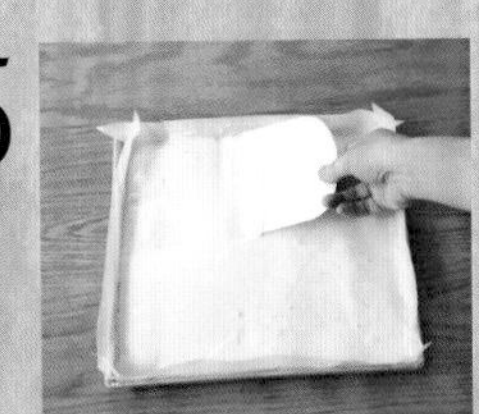

倒入烤盤內，抹平後以預熱至 190°C 的烤箱烘焙 12 分鐘。

6

觸摸一下表面，若有彈性就表示已經烘焙完成。從烤盤取出，連同烘焙紙一起放在網架上放涼，待冷卻後覆上保鮮膜靜置。可依喜好，將褐色的微焦面剝掉亦可。

※ 要剝掉褐色的微焦面，只需在放涼的同時於微焦面覆上一層保鮮膜，就可與保鮮膜一起整齊地剝下。

〔製作奶油〕

7

將鮮奶油放入碗內，碗底隔著冰水打發至七分。

8

加入紅豆餡，進一步打發至九分。

〔組合〕

9

將 **6** 的烘焙紙剝下，將微焦面朝上，放置在紙上。將捲到最後面的部分斜切掉。

10

將 **8** 的奶油塗在上面，整個鋪成約 1 cm厚。將近前方的海綿摺入，做成芯。

11

連同紙一起往上提，一鼓作氣捲完。

12

將捲完的最後面部分朝下，再用保鮮膜包覆，整理一下形狀後，放進冰箱冷藏靜置 1 小時以上，使味道調和。

冰涼的&溫熱的

紅豆餡飲料

不論是冷飲或熱飲都很適合。可隨意搭配，此處係將紅豆餡加入咖啡與奶昔。

紅豆餡奶昔

用攪拌機攪拌即可。
可依喜好使用抹茶裝飾。

材料（1人份）

A｜紅豆餡……2大匙
　｜牛奶……2大匙
　｜香草冰淇淋（市售）……100g
抹茶粉（裝飾用）……依喜好，適量

製作方法

1. 將**A**全部放入攪拌機中攪拌。
2. 拌勻後倒入玻璃杯中，依喜好以濾茶器將抹茶過篩後加入。

紅豆餡松露

紅豆餡也可混合蘭姆酒葡萄乾。

材料（直徑 2.5 ㎝的甜點 ×8 個分量）
紅豆餡……100g
巧克力（甜）……100g

製作方法

1. 為使紅豆餡搓圓時不黏手，需將水分去掉（以微波爐 600W 加熱 1 分鐘後，稍攪拌一下再加熱 1 分鐘）。分成 8 等分後揉成圓形。
2. 將切碎的巧克力放入碗中，用熱水隔水加熱，融化成滑順狀。將 **1** 各別放入，以巧克力塗滿表面後盛在叉子上，抖落多餘的巧克力，再放在烘焙紙上等待凝固。
3. 依喜好塗上可可粉或糖粉，或用巧克力筆描繪線條裝飾。

紅豆餡拿鐵

在一般的咖啡中摻入紅豆餡，
再加入輕飄飄的牛奶。

材料（1 人份）
紅豆餡……1 大匙
咖啡……100ml
牛奶……50ml

製作方法

1. 牛奶用微波爐加熱，再用攪拌器打發。
2. 將咖啡、紅豆餡倒入杯中攪拌，再倒入 **1**。

甜點杯

使用手持式容器的甜點杯，
以簡單的材料，使用幾個步驟非常容易就可製作出來。
做好後可放在冰箱冷藏保存，
當有客人來拜訪時，就可端出來請客，不亦樂乎。

熱呼呼的年糕紅豆湯

只需將紅豆煮好、烤好年糕，
就立即可享用的簡易食譜。
也可迅速製作、靈活變化搭配。
不只過年時候，作為平常的點心也十分合適。

涼拌豆腐糯米湯圓紅豆湯

利用豆腐的水分來製作糯米湯圓，
即便涼了也不會變硬，成品非常柔軟。
豆腐的蛋白質也能增加飽足感。
每天都會想吃，又有益於身體健康的點心。

熱呼呼的年糕紅豆湯

材料（2 人份）
紅豆餡……200g
水……4 大匙
方形年糕……2 塊

製作方法

1

將紅豆餡放入鍋中，用水緩緩加入稀釋，邊攪拌邊以中火煮開。

2

用烤架（或烤麵包機）烘烤方形年糕至變色呈微焦狀。

3

將 **1** 的紅豆湯盛入器皿中，再將 **2** 的烤年糕放入。

紅豆餡糕

延伸食譜

只需將紅豆餡放在烤年糕上即可。

製作方法
在烤好的方形年糕上，依喜好盛入稀釋的紅豆餡。

涼拌豆腐
糯米湯圓紅豆湯

材料（2 人份）
紅豆餡……200g
水……2 大匙
白玉粉（糯米粉）……50g
嫩豆腐……50g
※ 紅豆餡與水量為大致標準，可依喜好的濃稠度調整稀釋。

製作方法

1
將紅豆餡放入鍋中，將水緩緩加入稀釋，邊攪拌邊以中火煮開。

2
放入碗中，碗底以冰水隔水冷卻。

3
在另一個碗中放入白玉粉與嫩豆腐，用手攪拌至如耳垂般的硬度。若偏硬，則再緩緩加些分量外的水加以調整。

4
分成 12 等分並揉圓，使正中間稍微凹陷下去。

5
在鍋中將水煮開後烹煮 **4**，浮起來時再煮約 1 分鐘，接著撈起置於冷水中。將 **2** 的紅豆湯放入器皿中，再加入瀝乾水分的糯米湯圓。

紅豆餡卡士達布丁

為使卡士達醬與紅豆餡容易緊密結合，
需製作成黏稠滑順的醬。
黃砂糖與蛋的甜味搭配紅豆餡是絕配。

〔預先準備〕
- 將烤箱預熱至 150°C。
- 備妥隔水加熱用的開水（60°C）。

材料（100ml 的容器 ×5 個分量）
紅豆餡……150g
蛋……2 顆
黃砂糖……50g
A | 牛奶……150ml
  | 鮮奶油……100ml

製作方法

1
將紅豆餡均分放入布丁杯。

2
將蛋在碗中打散，加入砂糖後用打蛋器輕輕地拌勻，避免打發。

3
將 **A** 放入小鍋中，以中火加熱至快要沸騰。緩緩地加入 **2** 的碗中後拌勻。

4
用過濾器過篩後倒入杯中，並除去表面的泡沫。

5
將杯子並排在鋪有烘焙紙的淺底方盤上，注入開水後，以預熱至 150°C 的烤箱烘焙 25～30 分鐘。

6
將杯子傾斜時，表面若會微微晃動就表示製作完成。從烤箱取出，放涼後放在冰箱冷藏。

紅豆餡＋芒果的椰奶慕斯

芒果＋椰子的東方甜點意象。
臺灣甜點也會使用熬煮的蜜豆。
沒瓶子時可用杯子代替。

〔預先準備〕
- 將吉利丁粉放入水中浸泡備用。
- 將芒果的水分拭乾，切成 1.5 ㎝小丁，從中取出 12 塊作為裝飾用。

材料（100ml 的容器 ×6 個分量）
紅豆餡……200g
鮮奶油……100ml
椰奶……200ml
| 吉利丁粉……5g
| 水……2 大匙
芒果……100g

製作方法

1
將紅豆餡放入碗中，邊緩緩加入椰奶邊稀釋。

2
將泡過水的吉利丁覆蓋上一層鬆鬆的保鮮膜，以微波爐 600W 加熱 10 秒，使吉利丁溶化。倒入 **1** 中，為避免形成小麵團塊，需迅速攪拌。在碗底用冰水冰鎮，冷卻至呈稠糊狀。

3
在另一個碗中放入鮮奶油，在碗底邊用冰水冰鎮邊打發至六分。

4
將 **3** 的鮮奶油 1/3 分量放入 **2** 的碗中，用打蛋器拌勻。將其餘的鮮奶油分 2 次加入，用橡皮刮刀攪拌。

5
加入芒果混合拌勻，倒入杯中，放在冰箱冷藏 2 小時以上使之凝固。

6
完全凝固後，取出裝飾用的芒果分別放在上面。

白腰豆餡＋甘酒的慕斯橘子醬

在麴稍甜的味道上加入白腰豆餡的風味。
香味濃郁的甘酒。
因慕斯的味道醇厚，而加入橘子的酸味，
使整個味道變得緊緻細膩。

紅豆餡＋草莓的芭芭露亞

用牛奶取代鮮奶油。
使用大量的草莓，產生酸味與甜味。
可享受到滑嫩口感的甜點。

紅豆餡豆漿布丁

用豆漿稀釋紅豆餡[illegible]
只需加入吉利[illegible]
成品比牛[illegible]
由於[illegible]
[illegible]。

水羊羹

用微波爐將寒天加熱，再加入紅豆餡製作完成。
其實非常簡單且健康。
由於加入紅豆餡，可享受到顆粒的口感。

紅豆餡＋草莓的芭芭露亞

材料（100ml 的容器×5 個分量）

A
- 紅豆餡……130g
- 草莓……淨重 200g（去蒂）
- 牛奶……100ml

吉利丁粉……5g
水……2 大匙
草莓（裝飾用）……5 顆

〔預先準備〕
・將吉利丁粉放入水中浸泡備用。

製作方法

1. 將 **A** 放入攪拌器攪拌至滑順。
2. 將浸泡過的吉利丁覆蓋上一層鬆鬆的保鮮膜，以微波爐 600W 加熱 10 秒，使吉利丁溶化。加入 **1** 的攪拌器中，為避免形成小麵團塊需迅速攪拌。
3. 倒入容器中，放在冰箱冷藏 2 小時以上，使之凝固。
4. 待完全凝固後，將裝飾用的草莓放在上面。

白腰豆餡＋甘酒的慕斯橘子醬

材料（100ml 的容器×5 個分量）

白腰豆餡……130g
鮮奶油……200ml
甘酒（不使用砂糖）……200g
吉利丁粉……5g
水……2 大匙
橘子（罐裝）……10 瓣

〔預先準備〕
・將吉利丁粉放入水中浸泡備用。

製作方法

1. 將白腰豆餡及甘酒放入攪拌器中攪拌。
2. 攪拌至滑順時加入鮮奶油，再次攪拌。
3. 將浸泡過的吉利丁覆蓋上一層鬆鬆的保鮮膜，以微波爐 600W 加熱 10 秒，使吉利丁溶化。加入 **2** 後迅速攪拌。
4. 倒入容器中，放在冰箱冷藏 2 小時以上，使之凝固。
5. 待完全凝固後，將事先用叉子弄碎的橘子放在上面。

水羊羹

材料（100ml 的容器 ×5 個分量）

A | 寒天粉……2g
  | 水……200ml
紅豆餡……300g

製作方法

1. 將 A 放入耐熱碗中，用打蛋器攪拌，再覆蓋上一層鬆鬆的保鮮膜，以微波爐 600W 加熱 2 分鐘。
2. 加入紅豆餡，整個攪拌，再覆蓋上一層鬆鬆的保鮮膜，以微波爐 600W 加熱 1 分鐘。
3. 用橡皮刮刀邊緩緩地攪拌邊放涼，呈稠糊狀後倒入容器內，放在冰箱冷藏，使之凝固。

紅豆餡豆漿布丁

材料（100ml 的容器 ×5 個分量）

紅豆餡……200g
豆漿……250ml
吉利丁粉……5g
水……2 大匙

〔預先準備〕
・將吉利丁粉放入水中浸泡備用。

製作方法

1. 將紅豆餡放入碗中，邊緩緩加入豆漿邊稀釋。
2. 將浸泡過的吉利丁覆蓋上一層鬆鬆的保鮮膜，以微波爐 600W 加熱 10 秒，使吉利丁溶化。加入 1 後，為避免形成小麵團塊需迅速攪拌。
3. 倒入容器中，放在冰箱冷藏 2 小時以上，使之凝固。

宇治金時刨冰

將抹茶糖漿淋在刨冰上，加上偏好的紅豆餡分量，就完成了。
適合於炎炎夏日享用的點心，但在冬天吃也別有一番風味。
在刨冰之間加入紅豆餡，或是淋上煉乳去變化搭配。

材料（2人份）

抹茶粉……1大匙
上白糖……80g
熱開水……50ml
冰……500g
紅豆餡……150g

製作方法

1. 將抹茶粉以濾茶器過篩後放入碗中，加入上白糖充分攪拌。
2. 將熱開水緩緩加入稀釋後放涼，冷卻後放入冰箱冷藏。
3. 用刨冰機刨冰後盛在碗中。淋上1的糖漿，再加上紅豆餡。

1

2

PROFILE

森崎 繭香

食物設計師（Food Coordinator）、甜點及料理研究家。

曾擔任過大型企業料理教室講師、糕點師傅，並於法國料理及義大利料理餐廳累積豐富的廚藝經驗後自立門戶。廣泛活躍於各大企業的食譜開發工作，並為書籍、雜誌、WEB提供食譜，以及參加電視與收音機的演藝活動。此外，應用了在咖啡館和餐廳等的經驗，創作出許多運用手邊材料就能輕鬆製作的食譜，而廣受好評。著有《焼かないケーキ（冷製蛋糕）》（日東書院本社）、《野菜たっぷりマリネ、ピクルス、ナムル》（河出書房新社）、《おかず蒸しパンと蒸しケーキのおやつ（蒸的可以做麵包、蛋糕）》（辰巳出版）、《豆腐クリームの絶品レシピ》以及《カップスタイルで簡単！スープの本》（皆為枻出版社）等多本著作。

http：//www.mayucafe.com/

TITLE

戀戀紅豆餡甜點

STAFF

出版	三悅文化圖書事業有限公司
作者	森崎 繭香
譯者	余明村
監譯	高詹燦
總編輯	郭湘齡
責任編輯	蔣詩綺
文字編輯	黃美玉　徐承義
美術編輯	孫慧琪
排版	沈蔚庭
製版	昇昇興業股份有限公司
印刷	皇甫彩藝印刷股份有限公司
法律顧問	經兆國際法律事務所　黃沛聲律師
戶名	瑞昇文化事業股份有限公司
劃撥帳號	19598343
地址	新北市中和區景平路464巷2弄1-4號
電話	(02)2945-3191
傳真	(02)2945-3190
網址	www.rising-books.com.tw
Mail	deepblue@rising-books.com.tw
初版日期	2018年1月
定價	280元

ORIGINAL JAPANESE EDITION STAFF

調理アシスタント：福田みなみ／国本数雅子／たのうえあおい
アートディレクション・デザイン：久能真理
デザイン：浅井祐香
スタイリング：つがねゆきこ
撮影：鈴木信吾
編集・進行：古池日香留
協力：株式会社オリーブ&オリーブ

[協力]
○製菓材料
株式会社富澤商店（http://www.tomizawa.co.jp/）
○小豆
北海道十勝　森田農場（https://www.azukilife.com/）
Tel 0156-63-2789（(株)A-Netファーム十勝）平日10:00－18:00
Mail：morita@azukilife.com
○撮影
north6antiques（http://north6antiques.com）
UTUWA Tel：03-6447-0070

國家圖書館出版品預行編目資料

戀戀紅豆餡甜點 / 森崎繭香著；余明村譯. -- 初版. -- 新北市：三悅文化圖書, 2018.01
96面；19 x 23公分
ISBN 978-986-95527-2-1(平裝)

1.點心食譜

427.16　　106021351